水利水电建筑工程高水平专业群工作手册式系列教材

节水灌溉技术实训

主 编 汪明霞 姜 楠

·北京·

内 容 提 要

本教材是水利水电建筑工程高水平专业群工作手册式系列教材之一，是根据职业院校双高建设项目要求编写而成的。全书以工程项目为载体，共划分为4个工作任务，分别为喷灌工程设计、渠道灌溉工程设计、高效节水灌溉设计软件V6.0应用、微灌系统安装与运行。教材的主要特点是以生产任务为驱动，以工作流程为引导。

本教材可作为高等职业院校水利工程、农业水利技术、水土保持等专业的通用教材，也可供本科院校及从事节水灌溉相关工作的技术人员参考。

图书在版编目（CIP）数据

节水灌溉技术实训 / 汪明霞，姜楠主编. -- 北京：中国水利水电出版社，2022.6
水利水电建筑工程高水平专业群工作手册式系列教材
ISBN 978-7-5226-0763-4

Ⅰ. ①节… Ⅱ. ①汪… ②姜… Ⅲ. ①节约用水－灌溉－高等职业教育－教材 Ⅳ. ①S275

中国版本图书馆CIP数据核字(2022)第101505号

书　　名	水利水电建筑工程高水平专业群工作手册式系列教材 **节水灌溉技术实训** JIESHUI GUANGAI JISHU SHIXUN
作　　者	主编　汪明霞　姜　楠
出版发行	中国水利水电出版社 （北京市海淀区玉渊潭南路1号D座　100038） 网址：www.waterpub.com.cn E-mail：sales@mwr.gov.cn 电话：(010) 68545888（营销中心）
经　　售	北京科水图书销售有限公司 电话：(010) 68545874、63202643 全国各地新华书店和相关出版物销售网点
排　　版	中国水利水电出版社微机排版中心
印　　刷	北京印匠彩色印刷有限公司
规　　格	184mm×260mm　16开本　6.25印张　152千字
版　　次	2022年6月第1版　2022年6月第1次印刷
印　　数	0001—1500册
定　　价	**26.00**元

前　言

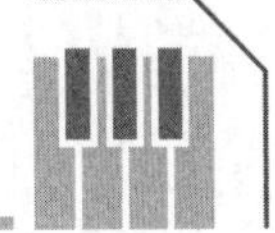

本教材是贯彻落实《国家职业教育改革实施方案》（国发〔2019〕4号）、《国家中长期教育改革和发展规划纲要（2010—2020年）》、《国务院关于加快发展现代职业教育的决定》（国发〔2019〕19号）等文件精神而编写的工作手册式教材。

本教材在编写中充分考虑了教材的专业适用性，广泛征求了相关企业和用人单位对本专业学生的专业知识和能力素质要求，并吸收了本学科工程技术的最新成果。本教材以工程项目为载体，共划分为4个工作任务，分别为喷灌工程设计、渠道灌溉工程设计、高效节水灌溉设主软件V6.0应用、微灌系统安装与运行。本教材的主要特点是以生产任务为驱动，以工作流程为引导，使学生不仅能掌握传统节水灌溉技术（如喷灌工程技术）、渠系灌溉等规划设计，还能根据一些复杂情况发展创新思维，利用新兴的高效节水灌溉设计软件进行设计，以提高工作效率，并能进行灌溉管网工程的安装与运行。通过工作任务的实施培养学生刻苦学习、吃苦耐劳、科学严谨、诚实协作、积极创新及精益求精的精神。

本教材编写人员及编写分工如下：黄河水利职业技术学院汪明霞编写工作须知、工作任务一和工作任务二，杭州阵列科技股份有限公司洪果和黄河水利职业技术学院汪明霞编写工作任务三，黄河水利职业技术学院姜楠编写工作任务四。本教材由汪明霞、姜楠担任主编，黄河水利职业技术学院王勤香教授担任主审。

本教材在编写过程中，得到了许多行业内专家、教授的支持和帮助，同时，教材参考了不少相关资料，在此一并致以诚挚的谢意！

由于编者水平有限，书中难免存在错漏和不足之处，恳请广大师生及专家、读者批评指正。

编者

2022年5月

前言

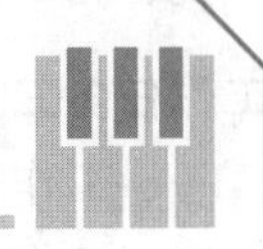

目 录

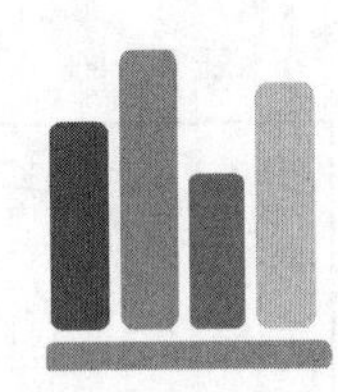

工作须知

1. 课程性质

“节水灌溉技术实训”是水利工程专业的职业核心实训课，课程主要任务是使学生掌握节水灌溉规划设计、灌溉工程施工与管理的内容。

2. 课程目标

依据水利工程等水利类专业人才培养方案，本课程要求学生不仅能掌握传统节水灌溉技术（如喷灌工程技术、渠系灌溉等规划设计），还能根据一些复杂情况发展创新思维，利用高效设计软件进行设计，提高工作效率，并能进行相应灌溉管网工程的安装与运行。

通过工作任务的实施培养学生刻苦学习、吃苦耐劳、科学严谨、诚实协作、积极创新以及精益求精的精神。

3. 工作任务

本课程的学习时间为2个教学周。实训内容包括节水灌溉设计（喷灌设计、渠系灌溉设计）基础模块、高效节水灌溉设计软件应用模块和管网安装模块三部分，分为四个工作任务，在教学实施中，可先进行基础模块（喷灌工程规划设计、渠系灌溉设计）的学习，再进行软件应用模块和管网安装模块的学习。

4. 组织形式

教学过程中教、学、练、做、讨论相结合，强化能力培养，体现教学过程的实践性、开放性和职业性。教学组织包括课前自学、课堂讲授、师生互动、任务练习、课堂讲评、课后巩固六部分。

（1）课前自学。学生通过云课堂平台进行课程内容的提前预习，教师通过云课堂平台布置课前思考问题。学生通过平台自学及网络搜索等手段完成课前思考问题。

（2）课堂讲授。课堂讲授通过实际工程案例导入，以解决实际问题为目的进行知识的讲解，通过多种现代化形式的辅助，达到寓教于用的效果。

（3）师生互动。课堂过程中让学生真正动起来，采用反转课堂等方式，让学生回答问题、讲解知识，从而活跃课堂气氛，达到寓教于动的效果。

（4）任务练习。学生分组进行练习，以练习促学习，以动手促学习，使学生真正将知识运用到实际中。

（5）课堂讲评。对学生练习的效果进行点评，优秀的予以奖励，典型的错误予以勘正，达到寓教于评的效果。

（6）课后巩固。学而时习之，教师利用云课堂等现代化手段布置课后任务，使学生在巩固知识的过程中不断提高，达到寓教于创的效果。

5. 进程设计

表 0-1　　　　进 程 设 计 表

<table>
<tr><th>序号</th><th>学习任务</th><th>学 习 任 务 简 介</th><th>学时</th></tr>
<tr><td>1</td><td>喷灌设计</td><td>1）喷灌喷头的选择；
2）计算喷头的组合间距，校核喷灌的技术要素是否符合规范要求；
3）计算灌水定额；
4）确定管网的工作制度；
5）计算管道流量，管道水力计算选择管径，推求首部扬程；
6）绘制管网布置图</td><td rowspan="2">1周</td></tr>
<tr><td>2</td><td>渠道灌溉设计</td><td>1）渠系工作制度确定；
2）渠道流量推求；
3）渠道横断面计算；
4）渠道纵断面图绘制</td></tr>
<tr><td>3</td><td>高效节水灌溉设计软件应用</td><td>1）高程数据生成；
2）指定片区；
3）布置水源工程；
4）设置管道属性，完成主管道的绘制；
5）输入片区内整体参数，确定喷灌工作制度；
6）管道水力计算；
7）汇总片区计算结果输出工程报表，如水力计算结果表、管道材料表、出水口明细表等；
8）绘制管道纵横断面出图</td><td rowspan="2">1周</td></tr>
<tr><td>4</td><td>微灌系统安装实操训练</td><td>1）进行设备与材料的选择；
2）首部设备安装；
3）支管、毛管及田间灌水器安装；
4）管道冲洗与试压；
5）系统运行</td></tr>
</table>

6. 成果要求

学生应优质地完成实训任务，按时提交实训成果。提交节水灌溉实训报告一份（不少于5000字），安装微灌系统一套。报告应内容完整、条理清晰、结构逻辑性强，能准确运用专业术语，用词准确。安装微灌系统操作规范，系统运行稳定，具体成果要求如下：

（1）喷灌管网设计说明书一份。

（2）管网平面布置图一张（A3图纸）。

（3）渠道流量推求设计说明书一份。

（4）渠道横纵断面计算书及布置图一张（A3图纸）。

（5）高效节水灌溉设计软件输出工程报表，如水力计算结果表、管道材料表、出水口明细表等。

（6）高效节水灌溉设计软件规划片区平面布置图一张（A3图纸）。

（7）完成一套微灌系统安装并运行。

7. 考核评价

教师对学生每个学习任务的完成情况进行评价，考核评价表见表0-2，由每个学习

任务汇总形成。

表 0-2　　考核评价表

学号	姓名	分值				总评
		工作任务一（30%）	工作任务二（20%）	工作任务三（30%）	工作任务四（20%）	

8. 参考资料

（1）中华人民共和国住房和城乡建设部，中华人民共和国国家质量监督检验检疫总局．节水灌溉工程技术标准 GB/T 50363—2018 [S]．北京：中国计划出版社，2018.

（2）中华人民共和国住房和城乡建设部，中华人民共和国国家质量监督检验检疫总局．灌溉与排水工程设计标准 GB 50288—2018 [S]．北京：中国计划出版社，2018.

（3）中华人民共和国建设部，中华人民共和国国家质量监督检验检疫总局，水利部．喷灌工程技术规范 GB/T 50085—2007 [S]．北京：中国计划出版社，2007.

（4）中华人民共和国住房和城乡建设部．微灌工程技术规范 GB/T 50485—2020 [S]．北京：中国计划出版社，2020.

（5）中华人民共和国国家质量监督检验检疫总局，中国国家标准化管理委员会．管道输水灌溉工程技术规范 GB/T 20203—2017 [S]．北京：中国质量标准传媒有限公司，中国标准出版社，2017.

（6）水利部农村水利司，中国灌溉排水发展中心．节水灌溉工程实用手册 [M]．北京：中国水利水电出版社，2005.

（7）李雪转．现代节水灌溉技术 [M]．郑州：黄河水利出版社，2018.

（8）罗全盛，汪明霞．节水灌溉技术 [M]．北京：中国水利水电出版社，2014.

工作任务一　喷灌工程设计

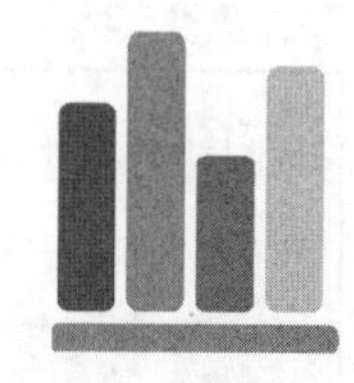

一、工作任务

1. 基本资料

某喷灌示范区南北宽 550m，东西长 300m，区内地势平坦，地面高程在 37.2～37.0m 之间。本区属北亚热带季风气候区，气候温和，主要种植粮食作物。据气象部门多年资料统计，多年平均气温 15.5℃，无霜期 234d，年日照时数为 2081.2h；多年平均降雨量 940mm，主要降水集中在 6—9 月；多年平均水面蒸发量 1100mm；最大冻土层深 0.25m；灌水季节多北风，平均风速 3.4m/s，每日喷灌时间按 12h 考虑。示范区土壤为黏黄棕壤土，计划湿润层内土壤干容重约为 $1.6g/cm^3$，田间持水率为 23%。示范区位于江淮分水岭地区，属典型的南北气候过渡带，灾害频繁发生。据有关资料统计，新中国成立 70 多年来，发生严重干旱有 25 年。示范区处于江淮分水岭地区，地下水资源严重匮乏，农业灌溉主要依靠上游的一座小型水库，可供给本灌区流量 $0.03m^3/s$，拟在靠近地块的塘坝处取水，该处水位高程为 34.00m，水源水质良好，矿化度小于 1g/L，无污染，适于灌溉。

本地区供电有保证，交通十分便利，喷灌设备供应比较充足。

2. 设计内容

（1）喷灌喷头的选择。

（2）计算喷头的组合间距，校核喷灌的技术要素是否符合规范要求。

（3）计算灌水定额。

（4）确定管网的工作制度。

（5）进行管道水力计算，并根据计算结果选择管径，推求首部扬程。

（6）绘制管网布置图。

二、工作目标

（1）能对喷灌规划基本资料进行收集与分析。

（2）能正确选用管材、设备。

（3）能合理选择规划区的喷灌工程类型，并进行合理布局。

（4）能进行喷灌工程规划设计，并能完成设计图绘制及撰写设计说明书。

三、任务分组

按照表1-1填写学生任务分组表。

表1-1　　学生任务分组表

班级		组号		指导老师	
组长		学号			
组员					
任务分工					

四、引导问题

引导问题1：喷头的参数有哪些？

水力参数：________________。

几何参数：________________。

工作参数：________________。

引导问题2：喷灌的技术要素有哪些？

喷灌强度：________________。

喷灌均匀系数：________________。

喷灌雾化指标：________________。

引导问题3：喷头组合间距的计算。

喷头和喷头之间的间距计算步骤：________________。

支管和支管之间的间距计算步骤：________________。

引导问题4：如何拟定喷灌工作制度？

灌水定额计算公式：________________。

喷头在一个位置上的灌水时间计算：________________。

喷头一天工作位置数计算：________________。

同时工作喷头数：________________。

同时工作支管数：________________。

引导问题5：管道水力计算。

干管水力计算确定管径：________________。

支管水力计算确定管径：________________。
引导问题6：首部扬程计算。
管网水头损失计算：________________。
引导问题7：管网布置图内容。
干支管布置原则：________________。
根据支管间距布置支管：________________。
根据喷头间距布置喷头：________________。
轮灌组编组方式：________________。

五、工作计划

表1-2　喷灌设计工作方案

工作步骤	工作内容	负责人
1		
2		
3		
4		
5		
6		

六、进度决策

表1-3　喷灌设计进度决策

工作任务	工作时间安排	
	上午	下午
喷灌喷头的选择；计算喷头的组合间距，校核喷灌的技术要素是否符合规范要求	√	
计算灌水定额； 确定管网的工作制度；进行管道水力计算，并根据计算结果选择管径，推求首部扬程		√
计算书撰写	√	
图纸绘制		√

七、工作实施

示范区南北宽445m，东西长320m，示范区土壤为黏壤土，计划湿润层内土壤干容重约为1.6g/cm³，田间持水率为23%，种植蔬菜，其他资料与工作任务相同为例，说

明该喷灌设计工作任务的实施步骤。

【步骤 1】 喷灌系统选型和管道布置方案。

(1) 喷灌系统选型。本灌区地形平坦，地块形状规则，易于布置喷灌系统。示范区内主要种植经济价值较高的蔬菜，故采用固定管道式喷灌系统。

(2) 管道系统布置方案。灌区地形总的趋势是南高北低，坡度变化不大，地块形状规则。灌溉季节风比较稳定。基于上述情况拟采用主干管、分干管和支管三级管道。结合布置原则，按下述方案进行布置：主干管由地块中部穿入灌区，两边分水后再由分干管给支管供水，支管平行于种植方向南北布置，详见平面布置图 1-1。

【步骤 2】 喷头选型和组合间距的确定。

(1) 喷头选型。查《喷灌工程技术规范》(GB/T 50085—2007)，蔬菜喷灌雾化指标不应低于 4000～5000，由喷头性能表初选 ZY-2 型双嘴喷头。其性能参数见表 1-4。

表 1-4　　ZY-2 型双嘴喷头参数

喷头型号	喷嘴直径 d/mm	工作压力 h_p/kPa	喷头流量 q_p/(m^3/h)	射程 R/m	喷灌强度 ρ/(mm/h)
ZY-2	7.0×3.1	300	3.83	19.1	3.34

(2) 确定组合间距。本灌区多年平均风向为北风，支管垂直风向，当风速为 3.4m/s 时，选 $K_a=0.8$，$K_b=1.1$，则

$$a=K_aR=0.8\times19.1=15.28(\text{m})(\text{取 } a=15\text{m})$$

$$b=K_bR=1.1\times19.1=21.1(\text{m})(\text{应取 } b=20\text{m，但根据实际情况取 } 18\text{m})$$

(3) 校核喷灌强度。查《喷灌工程技术规范》(GB/T 50085—2007)，土壤允许喷灌强度 $\rho_{允}=12$mm/h，考虑多喷头多支管同时喷洒，取 $K_w=1$，则喷灌强度为

$$\rho=K_w\frac{1000q_p\eta_p}{A_{有效}}=1\times\frac{1000\times3.83\times0.8}{15\times18}=11.3<\rho_{允}=12(\text{mm/h})$$

$$\frac{1000h_p}{d}=\frac{1000\times30}{7}=4286>4000$$

故雾化指标和设计喷灌强度均满足要求。

【步骤 3】 拟定喷灌灌溉制度。

计算喷头在一个位置上的灌水时间，取

$$m=0.1\times1.4\times30\times(85-65)\times20\%=16.8(\text{mm})$$

$$T=\frac{m}{ET_d}=\frac{16.8}{6}=2.8(\text{d})(\text{取 } T=3\text{d})$$

【步骤 4】 拟定喷灌工作制度。

(1) 喷头在一个位置上的灌水时间取 $\eta_p=0.8$，则 $t=\frac{abm}{1000q_p\eta_p}=1.48(\text{h})$，取为 1.5h。

(2) 喷头一天工作位置数。因本灌区每日工作时数为 12h，所以喷头一天工作位置数 $n_d=12/1.5=8$(次)。

(3) 同时工作喷头数。

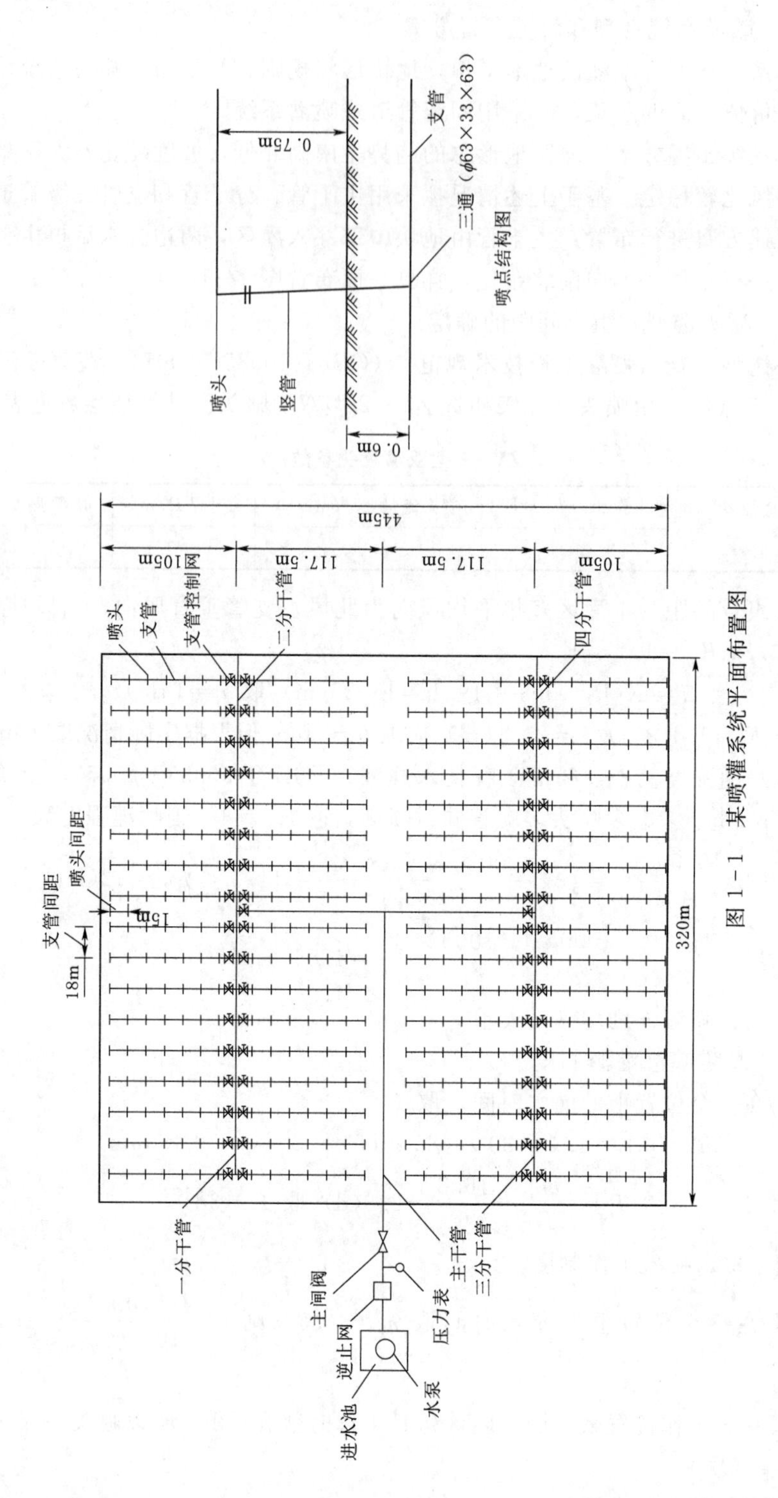

图 1-1　某喷灌系统平面布置图

$$n_p=\frac{N_p}{n_d T}=\frac{A}{abn_d T}=\frac{200\times 667}{15\times 18}\times\frac{1}{8\times 3}=20.6(\text{只})$$

实际喷洒应取整数。

（4）同时工作支管数。因每根支管安装 7 只喷头，故

$$N=\frac{n_p}{n_{\text{喷头}}}=20.6/7=3(\text{根})$$

【步骤 5】 管道水力计算。

1. 支管设计

$$h_{f\text{支}}+\Delta Z\leqslant 0.2h_p$$

$$h_{f\text{支}}=f\frac{Q_{\text{支}}^m}{d^b}FL$$

式中，$f=0.948\times 10^5$，$m=1.77$，$b=4.77$，$L=97.5\text{m}$，$F=0.392$，$Q_{\text{支}}=7\times 3.83=26.81$（$\text{m}^3/\text{h}$），$\Delta Z=0$，$h_p=30\text{m}$，则

$$h_{f\text{支}}=f\frac{Q_{\text{支}}^m}{d^b}FL=0.948\times 10^5\times\frac{26.81^{1.77}}{d^{4.77}}\times 0.392\times 97.5\leqslant 0.2\times 30$$

得 $d\geqslant 55.2\text{mm}$。

选择外径 $\phi 63$、内径 $\phi 55$，能承受 0.63MPa 内力的 PVC 管。

2. 干管设计

$$D_{\text{分干}}=13\sqrt{Q_{\text{分干}}}\text{，}Q_{\text{分干}}=2Q_{\text{支}}=2\times(7\times 3.83)=53.62(\text{m}^3/\text{h})$$

$$D_{\text{主干}}=13\sqrt{Q_{\text{分干}}}\text{，}Q_{\text{分干}}=3Q_{\text{支}}=3\times 26.81=80.43(\text{m}^3/\text{h})$$

则

$$D_{\text{分干}}=13\sqrt{53.62}=95.2(\text{mm})$$

$$D_{\text{主干}}=13\sqrt{80.43}=116.6(\text{mm})$$

根据上述计算结果查表 1－13，分别选外径 $\phi 110$、内径 $\phi 103.2$ 和外径 $\phi 125$、内径 $\phi 117.2$，能承受 0.63MPa 的喷灌用硬聚氯乙烯管。

3. 管网水力计算

（1）支管沿程水头损失。支管长度及流量为 $L=97.5\text{m}$，$Q_{\text{支}}=26.81\text{m}^3/\text{h}$，则

$$h_{f\text{支}}=\frac{0.948\times 10^5\times 97.5\times 26.81^{1.77}\times 0.392}{55^{4.77}}=6.88(\text{m})$$

（2）分干管沿程水头损失。分干管长度 $L=153+117.5=270.5$（m），则

$$h_{f\text{分干}}=\frac{0.948\times 10^5\times 53.62^{1.77}\times 270.5\times 0.392}{103.2^{4.77}}=2.87(\text{m})$$

（3）主干管沿程水头损失。主干管长度 $L=160\text{m}$，则

$$h_{f\text{主干}}=\frac{0.948\times 10^5\times 80.43^{1.77}\times 160\times 0.392}{117.2^{4.77}}=1.90(\text{m})$$

【步骤 6】 确定首部扬程及设计流量。

1. 设计水头（扬程）

$$H=Z_d-Z_s+h_s+h_p+\sum h_f+\sum h_j$$

式中　h_p——典型喷头工作压力，取 $h_p=30\text{m}$；

$Z_d - Z_s$——典型喷点喷头地面高程与水源水面高程之差，取2m；

$\sum h_f$——由水泵进水管至典型喷点喷头进口处之间管道的沿程水头损失，$\sum h_f = 6.88+2.87+1.90=11.65$ (m)；

$\sum h_j$——由水泵进水管至典型喷点喷头进口处之间管道的局部水头损失，取沿程水头损失的10%，即$10\% \sum h_f = 1.17$ (m)；

h_s——典型喷点的竖管高度，取1.0m。

$$H=30+2+11.65+1.17+1=45.82(\text{m})$$

2. 设计流量

$$Q=n_p q_p=21\times 3.83=80.43(\text{m}^3/\text{h})$$

根据扬程和设计流量，选择4BP-50型喷灌泵，流量$Q=80\ \text{m}^3/\text{h}$，扬程$H=45.82\text{m}$，功率$N=18.5\text{kW}$。

3. 管网结构设计

因塑料管的线胀系数很大，为使管线在温度变化时可自由伸缩，据《喷灌工程技术规范》(GB/T 50085—2007)，初步拟定主干、分干管每30m设置一个伸缩节。各级管道分叉转弯处需砌筑镇墩，以防管线充水时发生位移。镇墩尺寸为0.5m×0.5m×0.5m。另外，为防止停机后管网水倒流，应在水泵出口处安装逆止阀。

由于当地最大冻土层深度小于25cm，拟定设计地埋管深度为25cm；考虑到机耕影响，确定设计地埋管深度为0.5m。为控制各配水管的运行，配水管首部设置控制闸阀，尾部设泄水阀。各闸阀均砌阀门井保护。

为防止水锤发生，控制阀启闭时间不得少于10s（计算略）。

八、评价反馈

评价包括学生自评（占50%）和教师评价（占50%）两部分，学生自评表和教师评价表分别见表1-5和表1-6。

表1-5　　学生自评表

班级		姓名		学号	
学习任务一	喷　灌　设　计				
评价项目	评　价　标　准			分值	得分
确定管网类型	熟悉不同类型管网的适用条件			10	
校核喷灌要素	熟练查找规范，确定相关参数			10	
确定喷头组合间距	根据喷头射程、喷头运行的情况，结合规范要求，计算喷头组合间距			20	
确定喷灌工作制度	快速完成灌水定额、一个位置工作时间、工作位置数、同时工作喷头数等指标计算			20	
管道水力计算	熟悉支干管管径、水头损失及流量的计算			20	
撰写计算书	计算内容完整，计算结果准确，书写工整美观			10	
绘平面布置图	布局合理，制图规范，内容正确，标注完整，图面整洁等			10	

表 1-6 教师评价表

班级		姓名		学号	
学习任务一	喷 灌 设 计				
评价项目	评 价 标 准			分值	得分
平时表现	出勤、课堂表现			40	
成果评价	计算书、平面布置图			40	
小组表现	团队协作			20	

九、相关知识

(一) 喷灌系统形式选择

喷灌系统形式应根据喷灌的地形、作物种类、经济条件、设备供应等情况，综合考虑各种形式喷灌系统的优缺点，通过对技术、经济等因素比较后选定。如在喷灌次数多、经济价值高的蔬菜果园等经济作物种植区，可采用固定管道式喷灌系统；大田作物喷洒次数少，宜采用半固定式或机组式喷灌系统；在地形坡度较陡的山丘区，移动喷灌设备困难，可考虑采用固定式喷灌系统；在有自然水头的地方，尽量选用自压喷灌系统，以降低设备投资和运行费用。

(二) 喷灌技术要素

1. 喷灌强度

喷灌强度 ρ 是指单位时间内喷洒在单位面积上的水量，或单位时间内喷洒在田面上的水深（mm/h 或 mm/min）。计算公式为

$$\rho = K_w \frac{1000Q\eta_p}{A_{有效}} \tag{1-1}$$

式中 ρ——喷灌强度，mm/h；

K_w——风系数，取值方法见表 1-7；

Q——喷头流量，m^3/h；

η_p——田间喷洒水利用系数，风速低于 3.4m/s 时，取 0.8～0.9，风速低于 3.4～5.4m/s 时，取 0.7～0.8；

$A_{有效}$——喷头有效控制面积，m^2。分为单喷头全圆喷洒、单喷头扇形喷洒、多支管多喷头同时全圆喷洒（图 1-2）、单支管多喷头同时喷洒（图 1-3）四种情况，取值方法见表 1-8。

除了轻小型机组式喷灌系统可能采用单喷头喷洒方式外，一般都采用多个喷头同时喷洒。

表 1-7　　不同运行情况下的 K_w

运行情况		K_w
单喷头全圆喷洒		$1.15v^{0.314}$
单支管多喷头全圆喷洒	支管垂直于风向	$1.08v^{0.194}$
	支管平行于风向	$1.12v^{0.302}$
多支管多喷头同时喷洒		1

注　1. 式中 v 为风速，以 m/s 计。
　　2. 单支管多喷头同时全圆喷洒，若支管与风向既不垂直又不平行时，可近似地用线性插值方法求取 K_w 值。
　　3. 本表公式适用于风速 v 为 1～5.5m/s 的区间。

表 1-8　　不同运行情况下的喷头有效控制面积

运行情况	有效控制面积 A
单喷头全圆喷洒	πR^2
单喷头扇形喷洒（扇形中心角为 α）	$\pi R^2 \frac{\alpha}{360}$
单支管多喷头同时喷洒	$\frac{\pi R^2[90-\arccos(a/2R)]}{90}+\frac{a\sqrt{4R^2-a^2}}{2}$
多支管多喷头同时喷洒	Ab

注　表内各式中 R 为喷头射程，α 为扇形喷洒范围圆心角，a 为喷头在支管上的间距，b 为支管间距。

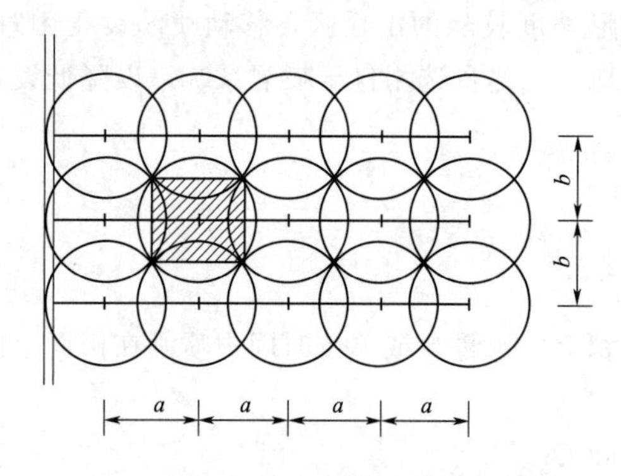

图 1-2　多支管多喷头同时喷洒喷头有效控制面积示意图

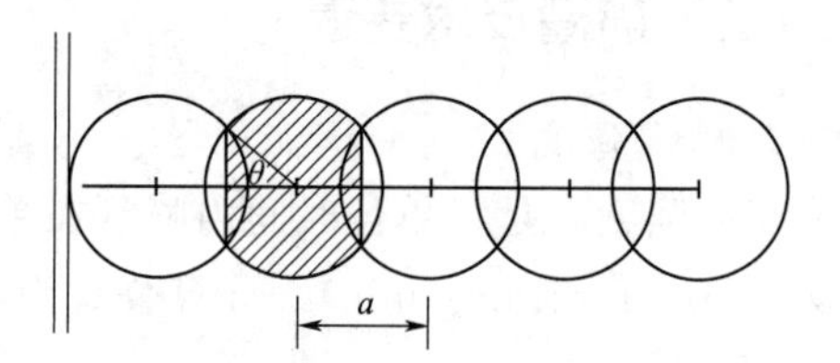

图 1-3　单支管多喷头同时喷洒喷头有效控制面积示意图

此外，为了喷洒到土壤表面的水能够及时深入土壤中，不形成地面径流，不同类别土壤的设计喷灌强度不得大于土壤的允许喷灌强度。不同类别土壤的允许喷灌强度可按表 1-9 确定，当地面坡度大于 5%时，喷灌强度按表 1-10 进行折减。行喷式喷灌系统的设计喷灌强度可略大于土壤的允许喷灌强度。

2. 喷灌均匀系数

喷灌均匀系数是指喷洒水量在喷灌面积上分布的均匀程度，它是衡量喷洒质量的主要指标之一，多用 C_u 表示，计算公式为

$$C_u = 1 - \frac{|\Delta h|}{\bar{h}} \tag{1-2}$$

式中 $\bar{h}$——喷洒面积上的平均喷洒水深，mm；

$|\Delta h|$——各测点喷洒水深的平均离差，mm。

表 1-9　各类土壤允许喷灌强度

土壤类别	允许喷灌强度/(mm/h)	土壤类别	允许喷灌强度/(mm/h)
砂土	20	黏土	10
砂壤土	15	黏壤土	8
壤土	12		

表 1-10　坡地上允许喷灌强度的降低值

地面坡度	允许喷灌强度降低值/%	地面坡度	允许喷灌强度降低值/%
5～8	20	13～20	60
9～12	40	>20	75

《喷灌工程技术规范》(GB/T 50085—2007) 中规定：在设计风速下定喷喷灌均匀系数不低于75%，行喷式喷灌系统不应低于85%。

喷头均匀系数一般可通过控制喷头组合间距来实现。喷头组合间距是指喷头在一定组合形式下工作时，支管布置间距与支管上喷头布置间距的统称。通常喷头组合形式有矩形、正方形、等腰三角形和正三角形四种，如图1-4所示。当采用等腰三角形和正三角形形式时，可能导致田块边缘漏喷，因此在实际应用中，一般采用矩形和正方形布置。若风向稳定且与支管垂直或平行，宜采用矩形布置以减少喷头数；若风向多变宜采用正方形布置。

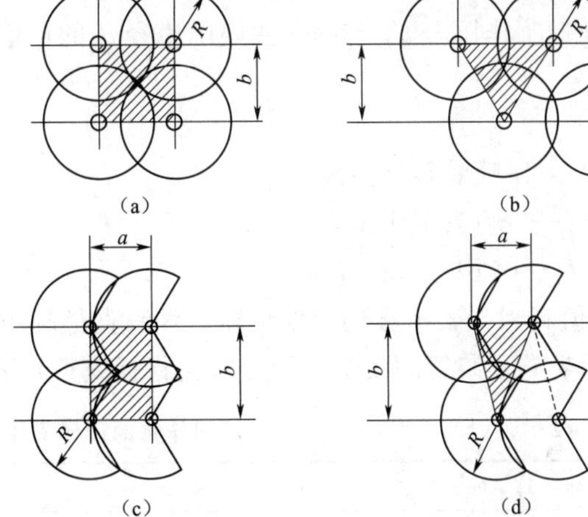

图 1-4　喷头组合形式

在喷灌系统设计中，一般只要按照《喷灌工程技术规范》(GB/T 50085—2007) 规定的方法（表1-11）确定组合间距，均可满足均匀度要求。根据设计风速，可以从表1-11中查到满足喷灌均匀系数要求的两项最大值，即垂直于风向和平行于风向的最大间距射程比 K_a、K_b 值。

表 1-11　喷头组合间距

设计风速/(m/s)	组合间距	
	垂直风向	平行风向
0.3～1.6	(1.1～1) R	1.3R
1.6～3.4	(1～0.8) R	(1.3～1.1) R
3.4～5.4	(0.8～0.6) R	(1.1～1) R

注　1. R 为喷头射程。
2. 在每一档风速中可按内插法取值。
3. 在风向多变采用等间距组合时，应选用垂直风向栏的数值。

如果支管垂直于风向布置，沿支管的喷头间距 a 与风向垂直，选用的间距射程比 K_a 应不大于从表 1－11 中垂直风向一列中查得的数值，而支管间距选用的 K_b 应不大于平行风向一列中从表 1－11 查得的数值。如果支管于平行风向布置则相反。若支管既不平行也不垂直于风向，则应视支管与风向的夹角 β 的大小对 K_a 和 K_b 进行适当的调整，如 $30° \leqslant \beta \leqslant 60°$ 时按等间距布置选取 K_a、K_b，即采用正方形布置，支管上喷头和支管间距均采用垂直风向栏的数值。

间距射程比 K_a、K_b 选定后，即可计算组合间距，即

$$a = K_a R \tag{1-3}$$

$$b = K_b R \tag{1-4}$$

计算出 a、b 后，还应进行调整，以适应管道规格长度的要求，便于安装施工，并应满足组合喷灌强度的要求。

3. 雾化指标

喷灌雾化指标是表示喷洒水滴细小程度的技术指标。喷洒水滴过大，会损伤作物，破坏土壤团粒结构，影响作物生长；水滴过小则会导致过多的漂移蒸发损失，且耗能多，不经济。因此，在喷灌系统规划设计中，初选喷头后，首先要进行雾化指标校核。通常用喷头进口处的工作压力 h_p 与喷头主喷嘴直径 d 的比值作为喷灌雾化指标，即

$$W_h = \frac{1000 h_p}{d} \tag{1-5}$$

式中　W_h——喷灌雾化指标；

h_p——喷头工作压力，m；

d——喷嘴直径，mm。

W_h 值越大，表示雾化程度越高，水滴直径越小，打击强度也越小。对于主要喷嘴为圆形且不带碎水装置的喷头，设计雾化指标应符合表 1－12 的要求。

表 1－12　不同作物的设计雾化指标

作物种类	W_h	作物种类	W_h
蔬菜及花卉	4000～5000	饲草料作物、草坪	2000～3000
粮食作物、经济作物及果树	3000～4000		

（三）喷灌系统总体布置

管道系统应根据灌区地形、水源位置、耕作方向及主要风向和风速等条件提出几套布置方案，通过对技术、经济等因素比较后选定。布置时一般应考虑以下原则：

（1）管道力求平顺，减少折点，避免管线出现起伏，减少水头损失，降低造价。

（2）平原区地块力求方整，尽量使水源位于地块中心，以缩短管道输水长度。

（3）支管尽量与耕作方向一致。对于固定式喷灌系统，可以减少竖管对机耕的影响；对于半固定式喷灌系统，便于支管拆装与管理，减少移动支管时践踏作物。

（4）支管尽量与主风向垂直，这样可增大支管间距，减少支管用量。

（5）在山区，干管应沿主坡方向布置，支管与之垂直，平行于等高线布置（有利控制

支管水损，使支管上各喷头工作压力基本一致）。

（6）支管首尾压力差应小于喷头工作压力的20%，工作流量差小于10%。

（7）力求支管长度一致、规格统一，便于设计、施工、管理。

管道系统的布置形式主要有“丰”字形和“梳齿”形两种，如图1-5～图1-7所示。

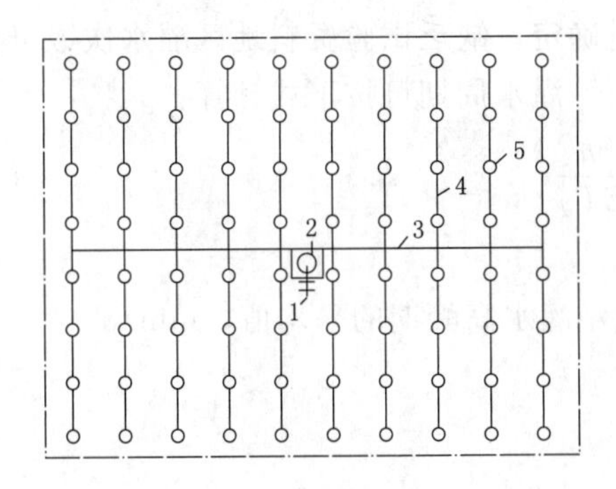

图1-5 “丰”字形布置（一）

1—井；2—泵站；3—干管；4—支管；5—喷头

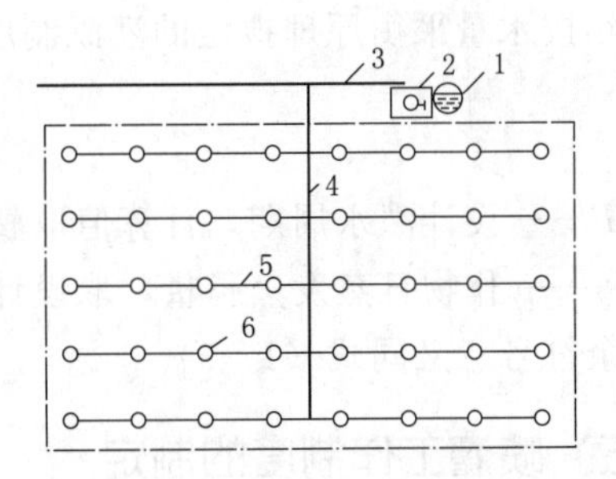

图1-6 “丰”字形布置（二）

1—蓄水池；2—泵站；3—干管；4—分干管

5—支管；6—喷头

（四）喷灌制度的拟定

喷灌制度的拟定主要包括灌溉定额、灌水定额和灌水周期的计算。

1. 灌溉定额

设计灌溉定额应依据设计代表年的灌溉试验资料确定，或按水量平衡原理确定。灌溉定额应按下式计算：

$$M=\sum_{i=1}^{n} m_i \qquad (1-6)$$

式中 M——作物全生育期内的灌溉定额，mm；

m_i——第 i 次灌水定额，mm；

n——全生育期灌水次数。

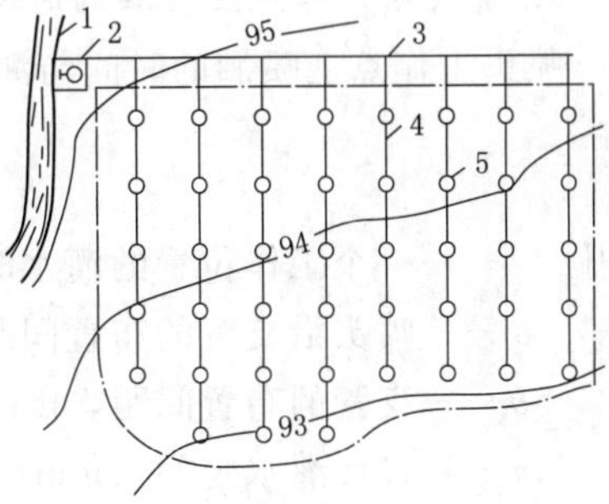

图1-7 梳齿形布置

1—河渠；2—泵站；

3—干管；4—支管；5—喷头

2. 最大灌水定额

最大灌水定额宜按下式确定：

$$m_s=0.1h(\beta_1-\beta_2) \qquad (1-7)$$

$$m_s=0.1\gamma h(\beta_1'-\beta_2') \qquad (1-8)$$

式中 m_s——最大灌水定额，mm；

h——计划湿润层深度，cm；

β_1——适宜土壤含水量上限（体积百分比）；

β_2——适宜土壤含水量下限（体积百分比）；

β_1'——适宜土壤含水量上限（重量百分比）；

β_2'——适宜土壤含水量下限（重量百分比）。

设计灌水定额应根据作物的实际需水要求和试验资料按下式选择：

$$m \leqslant m_s \tag{1-9}$$

式中　m——设计灌水定额，mm。

3. 灌水周期和灌水次数的确定

灌水周期和灌水次数应根据当地试验资料确定。缺乏试验资料地区灌水次数可根据设计代表年按水量平衡原理拟定的灌溉制度确定，灌水周期可按下式计算：

$$T=\frac{m}{ET_d} \tag{1-10}$$

式中　T——设计灌水周期，计算值取整，d；

ET_d——作物日蒸发蒸腾量，取设计代表年灌水高峰期的平均值，mm/d。

其余符号意义同式（1-9）。

（五）喷灌工作制度的制定

在灌水周期内，为保证作物适时适量地获得所需要的水分，必须制定一个合理的喷灌工作制度。喷灌工作制度包括喷头在一个喷点上的喷洒时间、每次需要同时工作的喷头数以及确定轮灌分组和轮灌顺序等。

1. 喷头在工作点上喷洒的时间

喷头工作点上喷洒的时间与灌水定额、喷头流量和组合间距有关，即

$$t=\frac{mab}{1000q_p\eta_p} \tag{1-11}$$

式中　t——一个工作位置的灌水时间，h；

a——喷头沿支管的布置间距，m；

b——支管的布置间距，m；

m——设计灌水定额，mm；

q_p——喷头设计流量，m^3/h；

η_p——田间喷洒水利用系数。

2. 一天工作位置数

$$n_d=\frac{t_d}{t} \tag{1-12}$$

式中　n_d——一天工作位置数；

t_d——设计日灌水时间，h。

设计日灌水时间宜按表1-13取值。

表1-13　　设计日灌时间　　单位：h

喷灌系统类型	固定式管道			半固定管道式	移动定管道式	定喷机组式	行喷机组式
	农作物	园林	运动场				
设计日灌水时间	12～20	6～12	1～4	12～18	12～16	12～18	14～21

3. 同时工作的喷头数

对于每一喷头可独立启闭的喷灌系统，每次同时喷洒的喷头数可用下式计算：

$$n_p = \frac{N_p}{n_d T} \tag{1-13}$$

式中 n_p——同时工作的喷头数；

N_p——灌区喷头总数；

其余符号意义同上式。

4. 同时工作的支管数

同时工作的支管数可按下式计算：

$$n_z = \frac{n_p}{n_{zp}} \tag{1-14}$$

式中 n_z——同时工作的支管数；

n_{zp}——一根支管上的喷头数，可以根据支管的长度除以喷头间距求得。

如果计算出来的 n_z 不是整数，则应考虑减少同时工作的喷头数或适当调整支管长度。

5. 确定轮灌分组及支管轮灌方案

为提高管道的利用率，降低设备投资，需进行轮灌编组并确定轮灌顺序。确定轮灌方案时，应考虑以下要点：

（1）轮灌的编组应该有一定规律，力求简明，方便运行管理。

（2）相同类型轮灌组的工作喷头总数应尽量接近，从而使系统的流量保持在较小的变动范围之内。

（3）轮灌编组应该有利于提高管道设备利用率，并尽量使系统实际轮灌周期与设计灌溉周期接近。

（4）轮灌编组时，应使地势较高或路程较远组别的喷头数略少，地势较低或路程较近组的周期接近。

（5）制定轮灌顺序时，应将流量迅速分散到各配水管道中，避免流量集中于某一条干管。

轮灌方案确定好后，干、支管的设计流量即可确定。支管设计流量为支管上各喷头的设计流量之和，干管设计流量依支管的轮灌方式而定。

（六）管径计算

1. 干管管径计算

从经济的角度出发，遵循投资和年费用最小原则，干管管径采用如下经验公式计算：

当 $Q < 120\text{m}^3/\text{h}$ 时， $$D = 13\sqrt{Q} \tag{1-15}$$

当 $Q \geqslant 120\text{m}^3/\text{h}$ 时， $$D = 11.5\sqrt{Q} \tag{1-16}$$

式中 D——管道内径，mm；

Q——管道的设计流量，m^3/h。

2. 支管管径计算

支管管径的确定除与支管设计流量有关之外，还要受允许压力差的限制，按照《喷灌工程技术规范》（GB/T 50085—2007）的规定，同一条支管的任意两个喷头间的工作压力差应在设计喷头工作压力的20%以内，用公式表示为

$$h_w + \Delta Z \leqslant 0.2h_p \tag{1-17}$$

式中　h_w——同一条支管中任意两喷头间支管水头损失加上两竖管水头损失之差（一般情况下，可用支管段的沿程水头损失计算），m；

ΔZ——两喷头的进口高程差（顺坡铺设支管时 ΔZ 为负值，反之取正值），m；

h_p——设计喷头工作压力，m。

设计时，一般先假定管径，然后计算支管沿程水头损失，再按上述公式校核，最后确定管径。算得支管管径之后，还需按现有管材规格确定实际管径，常见喷灌管材规格见表 1-14。对半固定式、移动式灌溉系统的移动支管，考虑运行与管理的要求，应尽量使各支管取相同的管径，至少也需在一个轮灌片上统一。对固定式喷灌的地埋支管，管径可以变化，但规格不宜很多，一般最多变径两次。

表 1-14　　硬聚氯乙烯管材的公称直径、壁厚及公差　　单位：mm

公称外径	平均外径极限偏差	公称压力 0.25MPa		公称压力 0.4MPa		公称压力 0.63MPa		公称压力 1.00MPa		公称压力 1.25MPa	
		壁厚	极限偏差	壁厚	极限偏差	壁厚	极限偏差	壁厚	极限偏差	壁厚	极限偏差
20	+0.3					0.7	+0.3	1.0	+0.3	1.0	+0.4
25	+0.3			0.5	+0.3	0.8	+0.3	1.2	+0.4	1.5	+0.4
32	+0.3			0.7	+0.3	1.0	+0.3	1.6	+0.4	1.9	+0.4
40	+0.3	0.5	+0.3	0.8	+0.3	1.3	+0.4	1.9	+0.4	2.4	+0.5
50	+0.3	0.7	+0.3	1.0	+0.3	1.6	+0.4	2.4	+0.5	3.0	+0.5
63	+0.3	0.8	+0.3	1.3	+0.4	2.0	+0.4	3.0	+0.5	3.8	+0.6
75	+0.3	1.0	+0.3	1.5	+0.4	2.3	+0.5	3.6	+0.6	4.5	+0.7
90	+0.3	1.2	+0.4	1.8	+0.4	2.8	+0.5	4.3	+0.7	5.4	+0.8
110	+0.4	1.4	+0.4	2.2	+0.5	3.4	+0.6	5.3	+0.8	6.6	0.8
125	+0.4	1.6	+0.4	2.5	+0.5	3.9	+0.6	6.0	+0.8	7.4	+1.0
140	+0.5	1.8	+0.4	2.8	+0.5	4.3	+0.7	6.7	+0.9	8.3	+1.1
160	+0.5	2.0	+0.4	3.2	+0.6	4.9	+0.7	7.7	+1.0	9.5	+1.2
180	+0.6	2.3	+0.5	3.6	+0.6	5.5	+0.8	8.6	+1.1		
200	+0.6	2.5	+0.5	3.9	+0.6	6.2	+0.9	9.6	+1.2		
225	+0.7	2.8	+0.5	4.4	+0.7	6.9	+0.9				
250	+0.8	3.1	+0.6	4.9	+0.7	7.7	+1.0				
280	+0.9	3.5	+0.6	5.5	+0.8	8.6	+1.1				
315	+1.0	3.9	+0.6	6.2	+0.9	9.7	+1.2				

（七）水头损失计算

1. 沿程水头损失计算

沿程水头损失应按下式计算：

$$h_f = f\frac{LQ^m}{d^b} \tag{1-18}$$

式中 h_f——沿程水头损失，m；

f——沿程摩阻系数；

L——管道长度，m；

Q——流量，m^3/h；

d——管内径，mm；

m——流量指数；

b——管径指数。

各种管材的 f、m、b 可按表 1-15 取值。

表 1-15 各种管材的 f、m、b 值

管道种类		f	m	b
混凝土管、钢筋混凝土管	n=0.013	1.312×10^6	2	5.33
	n=0.014	1.516×10^6	2	5.33
	n=0.015	1.746×10^6	2	5.33
钢管、铸铁管		6.250×10^5	1.9	5.1
硬塑料管		0.948×10^5	1.77	4.77
铝制管、铝合金管		0.861×10^5	1.74	4.74

注 n 为粗糙系数。

在喷灌系统中，通常沿支管安装有许多喷头，支管的流量自上而下逐渐减少，应逐段计算两喷头之间管道的沿程水头损失。但为了简化计算，常将 h_f 乘以一个多口次数 F 加以修正，从而获得多口管道实际沿程水头损失，即

$$h'_f = Fh_f \tag{1-19}$$

不同管材其多孔系数不同，表 1-16 列出了铝合金管（m=1.74）的多孔系数；对于其他管材，可查阅有关书籍。

表 1-16 多口系数 F 值表

管道出水口数目		1	2	3	4	5	6	7	8	9	10
F	X=1	1	0.651	0.548	0.499	0.471	0.452	0.439	0.43	0.422	0.417
	X=0.5	1	0.534	0.457	0.427	0.412	0.402	0.396	0.392	0.388	0.386
管道出水口数目		11	12	13	14	15	16	17	18	19	20
F	X=1	1	0.412	0.408	0.404	0.401	0.399	0.396	0.394	0.393	0.391
	X=0.5	0.5	0.384	0.382	0.38	0.379	0.378	0.377	0.376	0.376	0.375

2. 局部水头损失计算

局部水头损失一般可按式（1-20）计算：

$$h_j = \xi\frac{v^2}{2g} \tag{1-20}$$

式中 ξ——局部阻力系数，可查有关管道水力计算手册；

v——管道流速，m/s；

g——重力加速度，取9.81m/s^2；

h_j——局部水头损失，m。

局部水头损失有时也可按沿程水头损失的10%～15%估算。

（八）水泵和动力机选型

选择水泵和动力，首先要确定喷灌系统的设计流量和扬程。喷灌系统设计流量应为全部同时工作的喷头流量之和，即

$$Q=n_p\frac{q}{\eta_G} \tag{1-21}$$

式中　Q——喷灌系统设计流量，m^3/h；

η_G——管道系统水利用系数，一般取0.95～0.98；

其余符号意义同前。

选择最不利轮灌组及其最不利喷头，并以该最不利喷头为典型喷头。由典型喷头推算系统的设计扬程为

$$H=h_p+h_s+\sum h_f+\sum h_j+Z_d-Z_0 \tag{1-22}$$

式中　H——喷灌系统设计扬程，m；

h_p——典型喷头的工作压力，m；

h_s——典型喷头竖管高，m；

$\sum h_f$——水泵进水管到典型喷头进口处之间管道的沿程水头损失之和，m；

$\sum h_j$——水泵进水管到典型喷头进口处之间管道的局部水头损失之和，m；

Z_d——典型喷头处地面高程，m；

Z_0——水源水位，m。

工作任务二　渠道灌溉工程设计

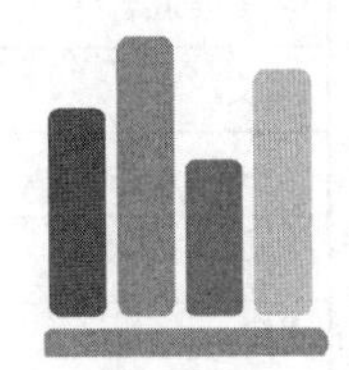

一、工作任务

1. 灌溉渠道系统的流量推算

某灌区渠系组成如图 2-1 所示。灌区面积为 2.91 万亩，自水库取水，水源充足。干渠全长 10.4km。在桩号 8+400、8+800 及 10+400 处分别为第一、第二和第三支渠的分水口，第一支渠与第三支渠的渠系布置型式、渠道长度、控制面积大小完全相同。第二支渠所属一斗至五斗斗渠渠系布置型式、渠道长度、控制面积大小完全相同，仅二支六斗渠渠系与之不同。各级渠道的长度与控制面积见表 2-1。

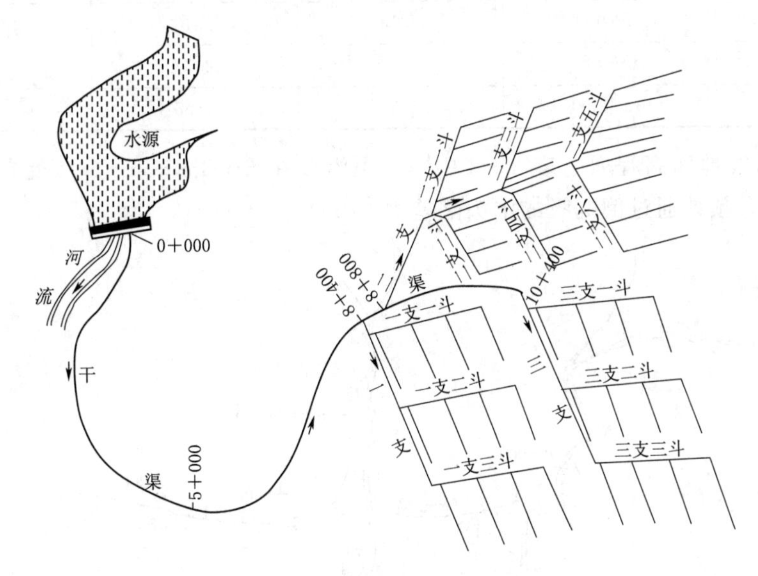

图 2-1　某灌区渠系组成（一）

第二支渠全长 3.0 km，二支一斗及二支二斗在 1.4km 处分水；二支三斗及二支四斗在 2.2km 处分水；二支五斗及二支六斗在 3.0km 处分水。灌区土壤透水性中等（$A=1.9$，$m=0.4$），地下水埋深大于 5m。灌区的设计灌水率值为 $0.35m^3$/（s·万亩），灌水延续时间为 15d。田间水利用系数采用 $\eta=0.95$。

要求：制定各级渠道的工作制度；推求支渠以下各级渠道及干渠各段的设计流量；计算各支渠的灌溉水利用系数及全灌区的灌溉水利用系数，并写出完整详细的计算书。

表 2-1　各级渠道的长度与控制面积

渠道名称	渠道长度/m	控制面积/亩	渠道名称	渠道长度/m	控制面积/亩
一支	2000	9000	二支二斗	1050	1680
一支一斗	1500	3000	二支三斗	1050	1680
一支二斗	1500	3000	二支四斗	1050	1680
一支三斗	1500	3000	二支五斗	1050	1680
所属各农渠	1000	750	所属各农渠	300	420
二支	3000	11100	二支六斗	1500	2700
二支一斗	1050	1680	所属各农渠	900	675

2. 灌溉渠道纵横断面设计

某灌区渠系组成如图 2-2 所示。干渠全长 14.2km，下分 4 条支渠。干渠各段的正常流量、最小流量和加大流量均已确定，见表 2-2；干渠沿线土壤性质属中黏壤土，土壤干容重为 1.6t/m^3，透水性中等。

表 2-2　干渠各段设计流量表

桩号		设计流量/(m^3/s)		
起	止	正常	最小	加大
0+000	3+000	5.13	3.13	6.15
3+000	9+000	4.53	2.77	5.44
9+000	14+200	2.57	1.58	3.80

将干渠沿线地面高程列于表 2-3 中。干渠沿线在 6+350～6+650 处布置倒虹吸 1 座，长 300m，预计通过倒虹吸的水头落差为 0.65m。

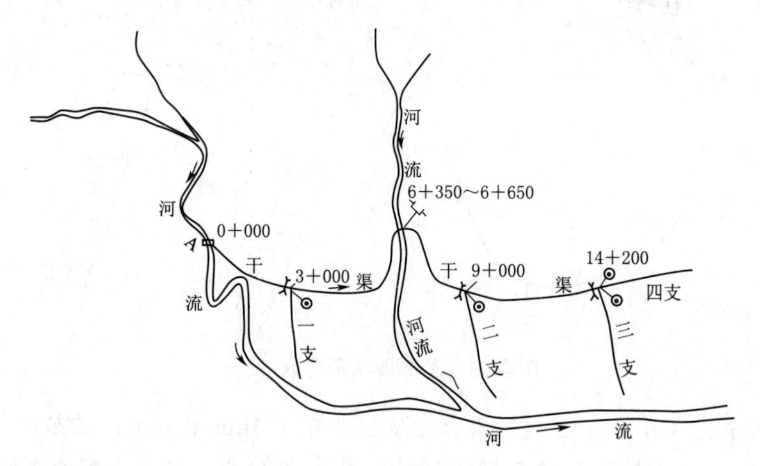

图 2-2　某灌区渠系组成（二）

在 3+000、9+000 及 14+200 处各布置公路桥 1 座，在 3+000、9+000 处各设分水闸和节制闸 1 座，分别向一支、二支渠配水。在 14+200 处布置 2 座分水闸，向三支、四支渠配水。根据各支渠控制范围内地面高程参考点算得一、二、三、四各支渠渠首要求的

控制水位高程依次为 93.3m、91.3m、90.0m、90.0m。

表 2-3 干渠沿线地面高程测量记录

桩号	地面高程/m	桩号	地面高程/m	桩号	地面高程/m
0+000	97.5	6+420	91.0	10+400	91.0
1+000	95.0	6+520	91.0	11+000	91.0
2+000	94.5	6+650	92.0	12+000	90.7
3+000	94.0	6+955	93.0	13+000	90.6
4+000	93.5	7+000	92.8	14+000	90.4
5+000	93.2	8+000	92.0	14+400	90.3
6+000	93.2	9+000	91.6		
6+350	93.0	10+000	91.5		

河流水源情况：河流在 A 处的来水流量超过干渠需要引取的流量，灌溉季节最低水位为 95.5m，含沙量 $\rho=1.2\text{kg/m}^3$，泥沙加权平均沉速 $\omega=2\text{mm/s}$。

要求：完成干渠渠道横断面设计，确定渠首横断面水力要素；完成干渠渠道纵断面设计，确定设计水位、堤顶高程、渠底线等，并撰写计算书，绘制干渠的横纵断面图（A3）。

二、工作目标

（1）能对轮灌组进行划分。

（2）能正确计算各级渠道的设计流量。

（3）确定各级渠道的水力计算要求，熟练进行各级渠道的水力计算。

（4）能进行渠道水位推求、进行渠系工程规划设计，并能完成施工图绘制及撰写设计说明书。

三、任务分组

按照表 2-4 填写学生任务分组表。

表 2-4 学生任务分组表

班级		组号		指导老师	
组长		学号			
组员					
任务分工					

四、引导问题

引导问题1：由于渠道在输水过程中有水量损失，就出现了净流量（Q_n）、毛流量（Q_g）、损失流量（Q_l）这三种既有联系、又有区别的流量，它们之间的关系是什么？

____。

引导问题2：估算输水损失水量经验公式：____。

____。

引导问题3：

渠道水利用系数：____。

渠系水利用系数：____。

灌溉水利用系数：____。

引导问题4：渠道轮灌编组有几种形式？

____。

引导问题5：毛流量推求。

农渠毛流量：____。

斗渠毛流量：____。

干渠毛流量：____。

引导问题6：渠道横断面形式有哪些？

____。

引导问题7：梯形断面横断面设计。

明渠均匀流公式：____。

各参数含义：____。

____。

引导问题8：渠道纵断面设计

渠道纵断面图包括：____。

____。

五、工作计划

表2-5　　渠道流量设计工作方案

工作步骤	工　作　内　容	负　责　人
1		
2		
3		
4		
5		
6		

表 2-6　　渠道横纵断面设计工作方案

工作步骤	工 作 内 容	负 责 人
1		
2		
3		
4		
5		
6		

六、进度决策

表 2-7　　渠系设计进度决策

工 作 任 务	工作时间安排	
	上 午	下 午
划分轮灌组；采取“自上而下、自下而上”的方法逐级推求各级渠道的设计流量	√	
渠道横断面设计		√
渠道纵断面设计	√	√
计算书撰写	√	
图纸绘制		√

七、工作实施

(一) 渠道流量推求

同学们可以参考以下案例完成任务书中流量推求计算,并撰写计算书。

【实例】

某灌区灌溉面积 $A=3.17$ 万亩，灌区有一条干渠，长 5.7km，下设三条支渠，各支渠的长度及灌溉面积见表 2-8。全灌区土壤、水文地质等自然条件和作物种植情况相近，第三支渠灌溉面积适中，可作为典型支渠，该支渠有六条斗渠，斗渠间距 800m，长 1800m。每条斗渠有十条农渠，农渠间距 200m，长 800m。干、支渠实行续灌，斗、农渠进行轮灌。渠系布置及轮灌组划分情况如图 2-3 所示。该灌区位于我国南方，实行稻麦轮作，因降雨较多，麦子一般不需要灌溉，主要灌溉作物是水稻，设计灌水模数 $q_{设}=0.8m^3/(s\cdot万亩)$。灌区土壤为中黏壤土。

试推求干、支渠的设计流量。

表 2-8　　支渠长度及灌溉面积

渠　道	一　支	二　支	三　支	合　计
长度/km	4.2	4.6	4.0	12.8
灌溉面积/万亩	0.85	1.24	1.08	3.17

【步骤1】 绘制规划区渠系布置简图，并确定渠系轮灌组。

为了各用水单位的受益均衡，避免因水量过分集中而造成灌水组织和生产安排的困难，一般灌溉面积较大的灌区，干、支渠多采用续灌，斗渠以下实行轮灌。因此确定本案例干支渠续灌，斗农渠轮灌，并根据轮灌组面积接近的原则划分轮灌组，绘出灌区渠系及轮灌组分组简图，如图 2-3 所示。

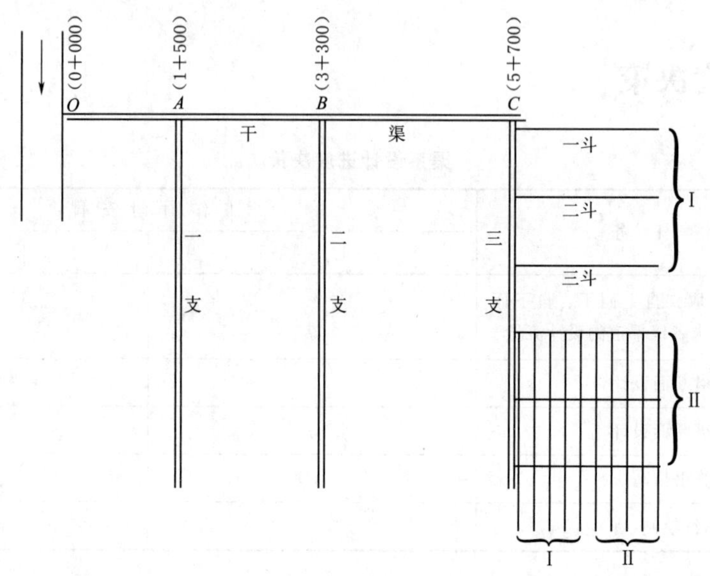

图 2-3　渠系平面布置简图

【步骤2】 采取“自上而下、自下而上”的原则逐级推求，推求典型支渠（三支渠）及其所属斗、农渠的设计流量。

（1）计算农渠的设计流量。

三支渠的田间净流量为

$$Q_{3支田净}=A_{3支}\ q_{设}=1.08\times0.8=0.864(\mathrm{m^3/s})$$

因为斗、农渠分两组轮灌，同时工作的斗渠有 3 条，同时工作的农渠有 5 条，所以农渠的田间净流量为

$$Q_{农田净}=\frac{Q_{支田净}}{nk}=\frac{0.864}{3\times5}=0.0576(\mathrm{m^3/s})$$

取田间水利用系数 $\eta_f=0.95$，则农渠的净流量为

$$Q_{农净}=\frac{Q_{农田净}}{\eta_f}=\frac{0.0576}{0.95}=0.061(\mathrm{m^3/s})$$

灌区土壤属中黏壤土，可查出相应的土壤渗透性参数：$A=1.9$，$m=0.4$，见后文表 2-20。据此可计算农渠输水损失系数：

$$\sigma_{农} = \frac{A}{100Q_{农净}^{m}} = \frac{1.9}{100 \times 0.061^{0.4}} = 0.0582$$

农渠的毛流量或设计流量为

$$Q_{农毛} = Q_{农净}(1 + \sigma_{农} L_{农}) = 0.061 \times (1 + 0.0582 \times 0.4) = 0.062(m^3/s)$$

（2）计算斗渠的设计流量。

因为一条斗渠内同时工作的农渠有 5 条，所以斗渠的净流量等于 5 条农渠的毛流量之和：

$$Q_{斗净} = 5Q_{农毛} = 5 \times 0.062 = 0.31(m^3/s)$$

农渠分两组轮灌，各组要求斗渠供给的净流量相等。但是，第 1 轮灌组距斗渠进水口较远，输水损失量较多，据此求得的斗渠毛流量较大，因此，以第 1 轮灌组为最不利轮灌组灌水时，斗渠每公里输水损失系数为

$$\sigma_{斗} = \frac{A}{100Q_{斗净}^{m}} = \frac{1.9}{100 \times 0.31^{0.4}} = 0.0304$$

斗渠的毛流量或设计流量为

$$Q_{斗毛} = Q_{斗净}(1 + \sigma_{斗} L_{斗}) = 0.31 \times (1 + 0.0304 \times 1.4) = 0.323(m^3/s)$$

（3）计算三支渠的设计流量。

斗渠也是分两组轮灌，以第 2 轮灌组要求的支渠毛流量作为支渠的设计流量。支渠的平均工作长度 $L_{支} = 3.2km$。

支渠的净流量为

$$Q_{3支净} = 3 \times Q_{斗毛} = 3 \times 0.323 = 0.969(m^3/s)$$

支渠每公里输水损失系数为

$$\sigma_{3支} = \frac{A}{100Q_{3支净}^{m}} = \frac{1.9}{100 \times 0.969^{0.4}} = 0.0192$$

支渠的毛流量为

$$Q_{3支毛} = Q_{3支净} \times (1 + \sigma_{3支} L_{3支}) = 0.969 \times (1 + 0.0192 \times 3.2) = 1.029(m^3/s)$$

【步骤 3】 计算三支渠的灌水利用系数。

$$\eta_{3支水} = \frac{Q_{3支田净}}{Q_{3支毛}} = \frac{0.864}{1.029} = 0.84$$

【步骤 4】 计算一、二支渠的设计流量。

（1）计算一、二支渠的田间净流量。

$$Q_{1支田净} = 0.85 \times 0.8 = 0.68(m^3/s)$$

$$Q_{2支田净} = 1.24 \times 0.8 = 0.99(m^3/s)$$

（2）计算一、二支渠的设计流量。

以典型支渠（三支渠）的灌溉水利用系数作为扩大指标，用来计算其他支渠的设计流量。

$$Q_{1支毛} = \frac{Q_{1支田净}}{\eta_{3支水}} = \frac{0.68}{0.84} = 0.81(m^3/s)$$

$$Q_{2支毛} = \frac{Q_{2支田净}}{\eta_{3支水}} = \frac{0.99}{0.84} = 1.18(m^3/s)$$

【步骤5】 推求干渠各段的设计流量。

（1）BC 段的设计流量。

$$Q_{BC净} = Q_{3支毛} = 1.03(\mathrm{m}^3/\mathrm{s})$$

$$\sigma_{BC} = \frac{1.9}{100 \times 1.03^{0.4}} \approx 0.019$$

$$Q_{BC毛} = Q_{BC净}(1 + \sigma_{BC} L_{BC}) = 1.03 \times (1 + 0.019 \times 2.4) = 1.08(\mathrm{m}^3/\mathrm{s})$$

（2）AB 段的设计流量。

$$Q_{AB净} = Q_{BC毛} + Q_{2支毛} = 1.08 + 1.18 = 2.26(\mathrm{m}^3/\mathrm{s})$$

$$\sigma_{AB} = \frac{1.9}{100 \times 2.26^{0.4}} = 0.0137$$

$$Q_{AB毛} = Q_{AB净}(1 + \sigma_{AB} L_{AB}) = 2.26 \times (1 + 0.0137 \times 1.8) = 2.32(\mathrm{m}^3/\mathrm{s})$$

（3）OA 段的设计流量。

$$Q_{OA净} = Q_{AB毛} + Q_{1支毛} = 2.32 + 0.81 = 3.13(\mathrm{m}^3/\mathrm{s})$$

$$\sigma_{AB} = \frac{1.9}{100 \times 3.13^{0.4}} = 0.12$$

$$Q_{OA} = Q_{OA净}(1 + \sigma_{OA} L_{OA}) = 3.13 \times (1 + 0.012 \times 1.5) = 3.19(\mathrm{m}^3/\mathrm{s})$$

【步骤6】 设计流量计算成果表，见表2-9。

表2-9　　设计流量计算成果

项　　目		支渠1	支渠2	支渠3
农田面积/万亩		0.85	1.24	1.08
农渠田间净流量/(m^3/s)		—	—	0.0576
田间水利用率		—	—	0.95
农渠净流量/(m^3/s)		—	—	0.061
农渠不设防土壤透水性参数	k	—	—	1.900
	m	—	—	0.400
农渠毛流量/(m^3/s)		—	—	0.062
农渠总数/条		—	—	60
轮灌农渠分组/条		—	—	4
斗渠净流量/(m^3/s)		—	—	0.31
斗渠工作长度/km		—	—	1.4
斗渠毛流量/(m^3/s)		—	—	0.323
支渠净流量/(m^3/s)		—	—	0.969
支渠工作长度/km		—	—	3.2
支渠毛流量/(m^3/s)		0.81	1.18	1.029
支渠水利用系数/(m^3/s)		0.84	0.84	0.84
干渠渠首流量/(m^3/s)		3.19		
灌溉水利用系数		0.835		

注　“—”表示其他支渠毛流量可以通过典型支渠渠系水利用系数作为扩大指标推求。此外，如果各轮灌组控制农渠面积不同，应按照农渠所占轮灌组的面积权重分配流量。

（二）渠道横纵断面设计

【步骤 1】 合理选择有关参数。

渠道横纵断面设计中涉及的有关参数有渠道比降 i、边坡系数 m、糙率系数 n、宽深比 α、允许不冲不淤流速等。

（1）渠道比降 i。渠道比降是指底高差和渠段长度的比值，关系到渠道输水能力和冲淤问题及控制面积和工程造价。应根据渠道沿线的地面坡度、下级渠道进水口的水位要求、渠床土质、含沙情况、渠道设计流量确定。一般随设计流量减小，比降逐渐增大。设计过程中可参考相关经验，或根据地面坡度和下级渠道水位要求初选一个比降，计算渠道的过水断面尺寸，再按照渠道不冲不淤流速进行校核，如不满足，则修改后重新计算。

（2）渠床糙率系数 n。渠床糙率系数 n 是反映渠床粗糙程度的技术参数。该值选择是否切合实际，直接影响到设计成果的精度。如果 n 值选得过大，设计的渠道断面就偏大，不仅增加了工程量，而且会因实际水位低于设计水位而影响下级渠道的进水。如果 n 值取得太小，设计的渠道断面就偏小，输水能力不足，影响灌溉用水。糙率系数的正确选择不仅要考虑渠床土质和施工质量，还要考虑建成后的管理养护情况。渠床糙率系数可参考表 2-10 中的数值。

表 2-10　　渠床糙率系数 n

1. 土渠			
流量/(m^3/s)	渠槽特征	糙率系数 n	
		灌溉渠道	退泄水渠道
>25	平整顺直，养护良好	0.020	0.0225
	平整顺直，养护一般	0.0225	0.025
	渠床多石，杂草丛生，养护较差	0.025	0.0275
25～1	平整顺直，养护良好	0.0225	0.025
	平整顺直，养护一般	0.025	0.0275
	渠床多石，杂草丛生，养护较差	0.0275	0.030
<1	渠床弯曲，养护一般	0.025	0.0275
	支渠以下的固定渠道	0.0275	
	渠床多石，杂草丛生，养护较差	0.030	

2. 岩石槽渠	
渠槽表面的特征	糙率系数 n
经过良好修整	0.025
经过中等修整，无凸出部分	0.030
经过中等修整，有凸出部分	0.033
未经修整，有凸出部分	0.035～0.045

续表

3. 护面渠槽	
护面类型	糙率系数 n
抹光的水泥抹面	0.012
修理得极好的混凝土直渠段	0.013
不抹光的水泥抹面	0.014
光滑的混凝土护面	0.015
机械浇筑表面光滑的沥青混凝土护面	0.014
修整良好的水泥土护面	0.015
平整的喷浆护面	0.015
料石砌护	0.015
砌砖护面	0.015
修整粗糙的水泥土护面	0.016
粗糙的混凝土护面	0.017
混凝土衬砌较差或弯曲渠段	0.017
沥青混凝土、表面粗糙	0.017
一般喷浆护面	0.017
不平整的喷浆护面	0.018
修整养护较差的混凝土护面	0.018
浆砌块石护面	0.025
干砌块石护面	0.033
干砌卵石护面、砌工良好	0.025～0.0325
干砌卵石护面、砌工一般	0.0275～0.0375
干砌卵石护面、砌工粗糙	0.0325～0.0425

（3）渠道的边坡系数 m。渠道的边坡系数 m 是渠道边坡倾斜程度的指标，其值等于边坡在水平方向的投影长度和在垂直方向投影长度的比值。m 值的大小关系到渠坡的稳定，要根据渠床土壤质地和渠床深度等条件选择适宜的数值。大型渠道的边坡系数应通过土工试验和稳定分析确定；中小型渠道的边坡系数根据经验选定，可参考表 2－11 和表 2－12。

表 2－11　　　　挖方渠道最小边坡系数表

渠床条件	水深 h/m			渠床条件	水深 h/m		
	<1	1～2	2～3		<1	1～2	2～3
稍胶结的卵石	1.00	1.00	1.00	轻壤土	1.00	1.25	1.50
夹砂的卵石和砾石	1.25	1.50	1.50	砂壤土	1.50	1.50	1.75
黏土、中壤土、重壤土	1.00	1.25	1.50	砂土	1.75	2.00	2.25

表 2-12 填方渠道最小边坡系数表

渠床条件	流量 $Q/(m^3/s)$							
	>10		10～2		2～0.5		<0.5	
	内坡	外坡	内坡	外坡	内坡	外坡	内坡	外坡
黏土、重壤土、中壤土	1.25	1.00	1.00	1.00	1.00	1.00	1.00	1.00
轻壤土	1.50	1.25	1.00	1.00	1.00	1.00	1.00	1.00
砂壤土	1.75	1.50	1.50	1.25	1.50	1.25	1.25	1.25
砂土	2.25	2.00	2.00	1.75	1.75	1.50	1.50	1.50

(4) 渠道断面的宽深比 α。渠道断面的宽深比 α 是渠道底宽 b 和水深 h 的比值。宽深比对渠道工程量和渠床稳定有较大影响。

渠道宽深比的选择要考虑以下要求：工程量小、断面稳定、有利于通航。

国内外很多学者对灌溉渠道稳定断面的宽深比做了大量的研究工作，提出了许多经验公式。其中陕西省对从多泥沙河道引水的灌溉渠道进行了研究，提出了以下公式：

当 $Q<1.5m^3/s$ 时，

$$\alpha = NQ^{1/10} - m \tag{2-1}$$

式中，$N=2.35$～3.25，一般采用 2.8；

当 $Q=1.5$～$50m^3/s$ 时，

$$\alpha = NQ^{1/4} - m \tag{2-2}$$

式中，$N=1.8$～3.4，一般采用 2.6。

由于影响渠床稳定的因素很多，也很复杂，经验公式都是在一定地区的特定条件下产生的，都有一定的局限性。

(5) 渠道的不冲流速。在稳定渠道中，允许的最大平均流速称为临界不冲流速，简称不冲流速，用 v_{cs} 表示；允许的最小平均流速称为临界不淤流速，简称不淤流速，用 v_{cd} 表示。为了维持渠床稳定，渠道通过设计流量时的平均流速（设计流速）v_d 应满足以下条件：

$$v_{cd} < v_d < v_{cs} \tag{2-3}$$

渠道不冲流速和渠床土壤性质、水流含沙情况、渠道断面水力要素等因素有关，具体数值要通过试验研究或总结已建成渠道的运用经验而定。一般土渠的不冲流速为 0.6～0.9m/s。表 2-13 中的数值可供设计参考。

表 2-13 土质渠床的不冲流速

土质	不冲流速/(m/s)	土质	不冲流速/(m/s)	备注
轻壤土	0.60～0.80	重壤土	0.70～1.00	干容重 1.3～$1.7t/m^3$
中壤土	0.65～0.85	黏土	0.75～0.95	

注 表中所列不冲流速值属于水力半径 $R=1m$ 的情况，当 $R\neq 1m$ 时，表中所列数值乘以 R^{α}。指数 α 值依据下列情况采用：①各种大小的砂、砾石和卵石及疏松的砂壤土、黏土，$\alpha=1/4$～$1/3$；②中等密实和密实的砂壤土、壤土及黏土，$\alpha=1/5$～$1/4$。

土质渠道的不冲流速也可以用 C.A. 吉尔氏康公式计算：

$$v_{cs} = KQ^{0.1} \tag{2-4}$$

式中 K——根据渠床土壤性质而定的耐冲系数，查表 2-14。

表 2-14　　**渠床土壤耐冲程度系数 K 值**

非黏聚性土	K	黏聚性土	K
中砂土	1.45～0.50	砂壤土	0.53
粗砂土	1.50～0.60	轻黏壤土	0.57
小砾石	0.60～0.75	中黏壤土	0.62
中砾石	0.75～0.90	重黏壤土	0.68
大砾石	0.90～1.00	黏土	0.75
小卵石	1.00～1.30	重黏土	0.85
中卵石	0.30～0.45		
小卵石	1.45～1.60		

有衬砌护面的渠道的不冲流速比土渠大得多，如混凝土护面的渠道允许最大流速可达12m/s。但从渠床稳定考虑，仍应将衬砌渠道的允许最大流速限制在较小的数值。美国垦务局建议：无钢筋的混凝土衬砌渠道的流速不应超过2.5m/s，因为流速太大的水流遇到裂缝或缝隙时，流速水头转变为压能，会使衬砌层翘起或剥落。

（6）渠道的不淤流速。渠道水流的挟沙能力随流速的减小而减小，当流速小到一定程度时，部分泥沙就开始在渠道内淤积。泥沙浆要沉淀而尚未沉淀时的流速就是临界不淤流速。渠道不淤流速主要取决于渠道含沙情况和断面水力要素，也应通过试验研究或总结实践经验而定。在缺乏实际研究成果时，可选用有关经验公式进行计算。如黄河水利委员会水利科学研究所的不淤流速计算公式：

$$v_{cd}=C_0Q^{0.6} \tag{2-5}$$

式中　C_0——不淤流速系数，随渠道流量和宽深比而变，见表2-15。

表 2-15　　**不淤流速系数 C_0 值**

渠道流量和宽深比		C_0
$Q>10m^3/s$		0.2
$Q=5\sim10\ m^3/s$	$b/h>20$	0.2
	$b/h<20$	0.4
$Q<5m^3/s$		0.4

式（2-5）适用于黄河流域含沙量为1.32～83.8kg/m³、加权平均泥沙沉降速度为0.0085～0.32m/s的渠道。

含沙量很小的清水渠道虽无泥沙淤积威胁，但为了防止渠道长草，影响输水能力，对渠道的最小流速仍有一定限制，通常要求大型渠道的平均流速不小于0.5m/s，小型渠道的平均流速不小于0.3～0.4m/s。

【步骤2】　渠道水力计算。

根据渠道的上述参数，确定渠道过水断面的水深 h 和底宽 b。灌溉渠道一般都是正坡明渠。在渠首进水口和第一个分水口之间或在相邻两个分水口之间，如果忽略蒸发和渗漏损失，渠段内的流量是常数。为了水流平顺和施工方便，在一个渠段内要采用同一个过水

断面和同一个比降，渠床表面要具有相同的糙率。因此，渠道水深、过水断面面积和平均流速也就沿程不变。这就表明渠中水流在重力作用下运动，重力沿流动方向的分量与渠床的阻力平衡。这种水流状态称为明渠均匀流。在渠道建筑物附近，因阻力变化，水流不能保持均匀流状态，但影响范围很小，其影响结果在局部水头损失中考虑。因此，灌溉渠道可以按明渠均匀流公式设计。

明渠均匀流的基本公式是

$$Q = AC\sqrt{Ri} \tag{2-6}$$

式中 Q——渠道设计流量，m^3/s；

R——水力半径；

i——渠底比降；

A——过水断面面积，m^2；

C——谢才系数，一般采用曼宁公式 $C=\frac{1}{n}R^{1/6}$ 进行计算，其中 n 为糙率。

渠道水力计算的任务是根据上述设计依据，通过计算确定渠道过水断面的水深 h 和底宽 b。土质渠道梯形断面的水力计算方法如下。

（1）一般断面的水力计算。

根据式（2-6）用试算法求解渠道的断面尺寸，具体步骤为：

1）假设 b、h 值。为了施工方便，底宽 b 应取整数。因此，一般先假设一个 b 值（为整数），再选择适当的宽深比 α，用公式 $h=\frac{b}{\alpha}$ 计算相应的水深值。

2）计算渠道过水断面的水力要素。根据假设的 b、h 值用式（2-7）～式（2-10）计算相应的过水断面面积 A、湿周 P、水力半径 R 和谢才系数 C：

$$A = (b + mh)h \tag{2-7}$$

$$P = b + 2h\sqrt{1+m^2} \tag{2-8}$$

$$R = \frac{A}{P} \tag{2-9}$$

$$C = \frac{1}{n}R^{\frac{1}{6}} \tag{2-10}$$

公式符号意义同前。

然后用式（2-6）计算渠道流量。

3）校核渠道输水能力。上面计算出来的渠道流量（$Q_{计算}$）是假设的 b、h 值相应的输水能力，一般不等于渠道的设计流量 Q，通过试算，反复修改 b、h 值，直至渠道计算流量等于或接近渠道设计流量为止，要求误差不超过5%，即设计渠道断面应满足的校核条件是：

$$\left|\frac{Q - Q_{计算}}{Q}\right| \leqslant 0.05 \tag{2-11}$$

校核渠道流速：

$$v_d = \frac{Q}{A} \tag{2-12}$$

渠道的设计流速应满足前面提到的不冲不淤条件，如不满足，就要改变渠道的底宽值和渠道断面的宽深比，重复以上步骤，直到既满足流量校核条件又满足流速校核条件为止。

（2）水力最优梯形断面的水力计算。

采用水力最优梯形断面时，可按以下步骤直接求解。

1）计算渠道的设计水深：

$$h_d = 1.189\left[\frac{nQ}{(2\sqrt{1+m^2}-m)\sqrt{i}}\right]^{3/8} \tag{2-13}$$

2）计算渠道的设计底宽：

$$b_d = \alpha_0 h_d \tag{2-14}$$

式中　α_0——梯形渠道断面的最优宽深比。

梯形渠道标准横断面图如图 2-4 所示。

3）校核渠道流速。流速计算和校核方法与采用一般断面时相同。如设计流速不满足校核条件，说明不宜采用水力最优断面形式。

【步骤 3】　完成渠道横断面水力要素计算表。参考表 2-16，完成表 2-17。

表 2-16　　渠道水力要素计算样表

名称	设计流量 $Q/(m^3/s)$	比降 i	糙率 N	边坡 m	底宽 b/m	设计水深 h/m	流速 $v/(m/s)$	校核流量 $Q/(m^3/s)$
支渠-1	0.696	0.0030	0.015	1.0	0.50	0.490	1.48	0.716
斗渠-1	0.188	0.0020	0.015	1.0	0.30	2.410	0.91	0.189
斗渠-2	0.219	0.0020	0.015	1.0	0.30	0.350	0.94	0.213
斗渠-3	0.692	0.001	0.015	1.0	0.50	0.630	0.97	0.690
典型农渠 1-1	0.047	0.001	0.0275	1.5	0.30	0.240	0.30	0.048
典型农渠 2-1	0.054	0.001	0.0275	1.5	0.30	0.250	0.31	0.052
典型农渠 3-1	0.062	0.001	0.0275	1.5	0.30	0.270	0.32	0.062

表 2-17　　渠道横断面水力要素计算表

名称	设计流量 $Q/(m^3/s)$	比降 i	糙率 N	边坡 m	底宽 b/m	设计水深 h/m	流速 $v/(m/s)$	校核流量 $Q/(m^3/s)$

【步骤 4】 确定渠道加大水深、安全超高、堤顶宽度并绘制渠道横断面。

渠道通过加大流量 Q_J 时的水深称为加大水深 h_j。计算加大水深时，渠道设计底宽 b_d 已经确定，明渠均匀流流量公式中只包含一个未知数，但因公式形式复杂，直接求解仍很困难。通常还是用试算法或查诺模图求加大水深，计算的方法步骤与设计水深的方法相同。为了防止风浪引起渠水漫溢，保证渠道安全运行，挖方渠道的渠岸和填方渠道的堤顶应高于渠道的加大水位，要求高出的数值称为渠道的安全超高。《灌溉与排水工程设计标准》(GB 50288—2018) 建议按下式计算 4 级、5 级渠道的安全超高：

$$\Delta h=\frac{1}{4}h_j+0.2 \tag{2-15}$$

为了便于管理和保证渠道安全运行，挖方渠道和填方渠道的堤顶应有一定的宽度，以满足交通和渠道稳定的需要。渠岸和堤顶的宽度可按下式计算：

$$D=h_j+0.3 \tag{2-16}$$

如果渠堤与主要交通道路结合，渠岸或堤顶宽度应根据交通要求确定。

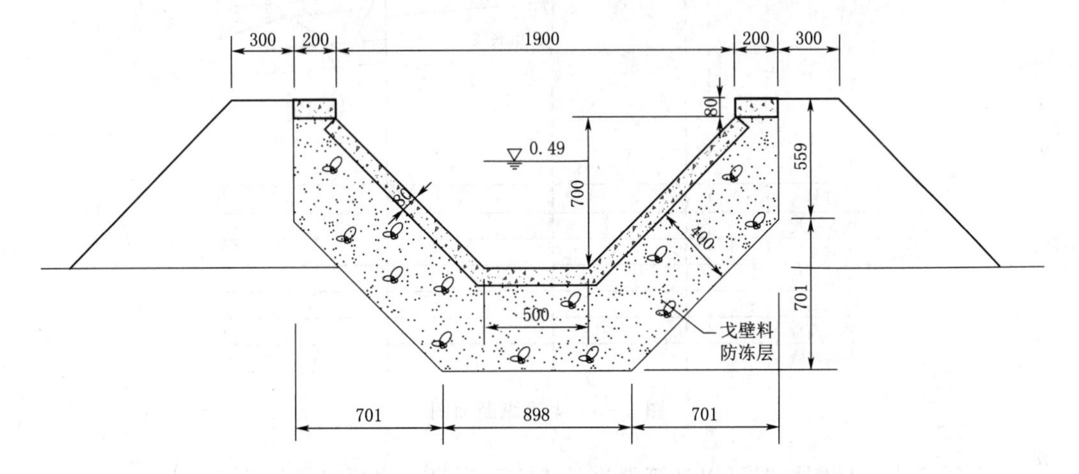

图 2-4　梯形渠道标准横断面图（具体尺寸根据任务书设计结果绘制）（单位：mm）

【步骤 5】 灌溉渠道纵断面的水位推算。

为了满足自流灌溉的要求，各级渠道入口处都应具有足够的水位。这个水位是根据灌溉面积上控制点的高程加上各种水头损失，自下而上逐级推算出来的。

$$H_{进}=A_0+\Delta h+\sum L_i+\sum \phi \tag{2-17}$$

式中　$H_{进}$——渠道进水口处的设计水位，m；

A_0——渠道灌溉范围内控制点的地面高程，m。控制点指较难灌到水的地面，在地形均匀变化的地区，控制点选择的原则是：如沿渠地面坡度大于渠道比降，渠道进水口附近的地面最难控制；反之，渠尾地面最难控制；

Δh——控制点地面与附近末级固定渠道设计水位的高差，一般取 0.1～0.2m；

ϕ——水流通过渠系建筑物的水头损失，m，可参考表 2-18 所列数值选用。

表 2-18　　渠道建筑物水头损失最小数值表

渠别	控制面积/万亩	进水闸/m	节制闸/m	渡槽/m	倒虹吸/m	公路桥/m
干渠	10～40	0.1～0.2	0.10	0.15	0.40	0.05
支渠	1～6	0.1～0.2	0.07	0.07	0.30	0.03
斗渠	0.3～0.4	0.05～0.15	0.05	0.05	0.20	0
农渠		0.02				

【步骤 6】 渠道纵断面图的绘制。

渠道纵断面图包括沿渠地面高程线、渠道设计水位线、渠道最低水位线、渠底高程线、堤顶高程线、分水口位置、渠道建筑物位置及其水头损失等，如图 2-5 所示。

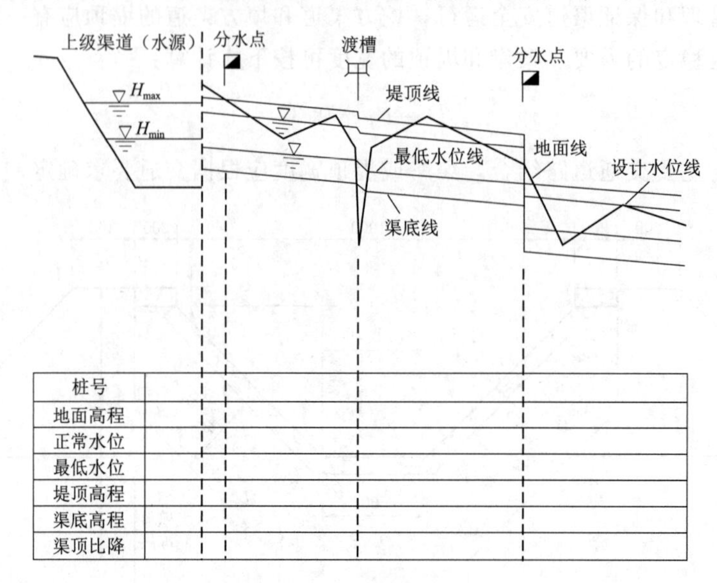

桩号	
地面高程	
正常水位	
最低水位	
堤顶高程	
渠底高程	
渠顶比降	

图 2-5　渠道纵断面图

根据渠道纵、横断面图可以计算渠道的土方工程量，也可以进行施工放样。

八、评价反馈

表 2-19　　学 生 自 评 表

班级		姓名		学号	
工作任务二	渠 系 设 计				
评价项目	评 价 标 准			分值	得分
①渠系简图	渠系平面布置图是否完整			10	
②轮灌组	熟悉轮灌组划分的方法和原则			10	
③轮灌渠道流量计算	“自上而下、自下而上”的计算方法是否熟悉，轮灌渠道工作长度、输水损失计算、渠道水利用系数计算是否正确			20	
④续灌渠道流量计算	续灌渠道工作长度及输水损失计算是否正确			10	

续表

班级		姓名		学号	
⑤渠道横断面计算	试算法确定渠道横断面水力要素是否熟悉			20	
⑥渠道纵断面计算	确定设计水位、堤顶高程等			10	
⑦撰写计算书	计算内容完整，计算结果准确，书写工整美观			10	
⑧绘平面布置图	布局合理、制图规范、内容正确、标注完整、图面整洁等			10	

表 2-20　　　教师评价表

班级		姓名		学号	
工作任务二	渠系设计				
评价项目	评价标准			分值	得分
①平时表现	出勤、课堂表现			40	
②成果评价	计算书、平面布置图			40	
③小组表现	团队协作			20	

九、相关知识

（一）渠道流量概念及输水损失量计算

在灌溉实践中，渠道的流量是在一定范围内变化的，设计渠道的纵横断面时，要考虑流量变化对渠道的影响。通常用设计流量、最小流量、加大流量三种特征流量，代表在不同运行条件下的工作流量。设计流量是指在灌溉设计标准条件下，为满足灌溉用水要求，需要渠道输送的最大流量，通常是根据设计灌水模数（设计灌水率）和灌溉面积进行计算的。在渠道输水过程中，有水面蒸发、渠床渗漏、闸门漏水、渠尾退水等水量损失。需要渠道提供的灌溉流量称为渠道的净流量，计入水量损失后的流量称为渠道的毛流量。设计流量是渠道的毛流量，它是设计渠道断面和渠系建筑物尺寸的主要依据。最小流量是指在灌溉设计标准条件下，渠道在工作过程中输送的最小流量，用修正灌水模数图上的最小灌水模数值和灌溉面积进行计算。应用渠道最小流量可以校核对下一级渠道的水位控制条件和确定修建节制闸的位置等。加大流量是指考虑到灌溉工程运行过程中可能出现一些难以准确估计的附加流量，把设计流量适当放大后所得到的安全流量。简单地说，加大流量是渠道运行过程中可能出现的最大流量，它是设计渠堤堤顶高程的依据。

在灌溉工程运行过程中，可能出现一些和设计情况不一致的变化，如扩大灌溉面积、改变作物种植计划等，要求增加供水量；或在工程事故排除之后，需要增加引水量，以弥补因事故影响而少引的水量；或在暴雨期间因降雨而增大渠道的输水流量。这些情况都要求在设计渠道和建筑物时留有余地，按加大流量校核其输水能力。

由于渠道在输水过程中有水量损失，就出现了净流量（Q_n）、毛流量（Q_g）、损失流量（Q_l）这三种既有联系、又有区别的流量，它们之间的关系是

$$Q_g = Q_n + Q_l \tag{2-18}$$

渠道的水量损失包括渠道水面蒸发损失、渠床渗漏损失、闸门漏失和渠道退水等。水面蒸发损失一般不足渗漏损失水量的5%，在渠道流量计算中常忽略不计。闸门漏失和渠道退水取决于工程质量和用水管理水平，可以通过加强灌区管理工作予以限制，在计算渠道流量时不予考虑。因此把渠床渗漏损失水量近似地看做总输水损失水量。渗漏损失水量和渠床土壤性质、地下水埋藏深度和出流条件、渠道输水时间等因素相关。渠道开始输水时，渗漏强度较大，随着输水时间的延长，渗漏强度逐渐减小，最后趋于稳定。在已成灌区的管理运用中，渗漏损失水量应通过实测确定。在灌溉工程规划设计工作中，常用经验公式或经验系数估算输水损失水量。

1. 用经验公式估算输水损失水量

常用的经验公式是：

$$\sigma=\frac{A}{100Q_n^m} \tag{2-19}$$

式中　σ——每公里渠道输水损失系数；

A——渠床土壤透水系数；

m——渠床土壤透水指数；

Q_n——渠道净流量，m^3/s。

土壤透水性参数A和m应根据实测资料分析确定，在缺乏实测资料的情况下，可采用表2-21中的数值。

表2-21　土壤渗水参数表

渠床土壤	透水性	A	m
重黏土及黏土	弱	0.7	0.3
重黏壤土	中下	1.3	0.35
中黏壤土	中等	1.9	0.4
轻黏壤土	中上	2.65	0.45
砂壤土及轻砂壤土	强	3.4	0.5

渠道输水损失流量可按下式计算：

$$Q_l'=\sigma L Q_n \tag{2-20}$$

式中　Q_l'——渠道输水损失流量，m^3/s；

L——渠道长度，km；

σ——意义同前，这里以小数表示；

Q_n——渠道净流量，m^3/s。

用式（2-20）计算出来的输水损失水量是在不受地下水顶托影响条件下的损失水量，如灌区地下水位较高，渠道渗漏受地下水壅阻影响，实际渗漏水量比计算结果要小。在这种情况下，就要将以上计算结果乘以表2-22所给的修正系数加以修正，即

$$Q_l'=\gamma Q_l \tag{2-21}$$

式中　Q_l'——有地下水顶托影响的渠道损失流量，m^3/s；

γ——地下水顶托修正系数；

Q_l——自由渗漏条件下的渠道损失流量，m^3/s。

表 2-22　　**地下水顶托修正系数 γ**

渠道流量/(m^3/s)	地下水埋深/m					
	<3	3	5	7.5	10	15
0.3	0.82	—	—	—	—	—
1.0	0.63	0.79	—	—	—	—
3.0	0.50	0.63	0.82	—	—	—
10.0	0.41	0.50	0.65	0.79	0.91	—
20.0	0.36	0.45	0.57	0.71	0.82	—
30.0	0.35	0.42	0.54	0.66	0.77	0.94
50.0	0.32	0.37	0.49	0.60	0.69	0.84
100.0	0.28	0.33	0.42	0.52	0.58	0.73

上述自由渗流或顶托渗流条件下的损失水量是根据渠床天然土壤透水性计算出来的。如拟采取渠道衬砌护面防渗措施，则应观测研究不同防渗措施的防渗效果，以采取防渗措施后的渗漏损失水量作为确定设计流量的根据。如无试验资料，可将上述计算结果乘以表 2-23 给出的经验折减系数，即

$$Q_l''=\beta Q_l \tag{2-22}$$

或

$$Q_l''=\beta Q_l' \tag{2-23}$$

式中　Q_l''——采取防渗措施后的渗漏损失流量，m^3/s；

　　β——采取防渗措施后渠床渗漏水量的折减系数；

其他符号意义同前。

表 2-23　　**渗水量折减系数 β**

防 渗 措 施	β	备　注
渠槽翻松夯实（厚度大于 0.5m）	0.3～0.2	透水性很强的土壤，挂淤和夯实能使渗水量显著减小，可采取较小的 β 值
渠槽原状土夯实（影响厚度 0.4m）	0.7～0.5	
灰土夯实、三合土夯实	0.15～0.1	
混凝土护面	0.15～0.05	
黏土护面	0.4～0.2	
人工夯填	0.7～0.5	
浆砌石	0.2～0.1	
塑料薄膜	0.1～0.05	

2. 用经验系数估算输水损失水量

总结已成灌区的水量量测资料，可以得到各条渠道的毛流量和净流量以及灌入农田的有效水量，经分析计算，可以得出以下几个反映水量损失情况的经验系数。

(1) 渠道水利用系数。某渠道的净流量与毛流量的比值称为该渠道的渠道水利用系

数，用符号 η_c 表示。

$$\eta_c = \frac{Q_n}{Q_g} \tag{2-24}$$

对任一渠道而言，从水源或上级渠道引入的流量就是它的毛流量，分配给下级各条渠道流量的总和就是它的净流量。

渠道水利用系数反映一条渠道的水量损失情况，或反映同一级渠道水量损失的平均情况。

(2) 渠系水利用系数。灌溉渠系的净流量与毛流量的比值称为渠系水利用系数，用符号 η_s 表示。农渠向田间供水的流量就是灌溉渠系的净流量，干渠或总干渠从水源引水的流量就是渠系的毛流量。渠系水利用系数的数值等于各级渠道水利用系数的乘积，即

$$\eta_s = \eta_{干}\,\eta_{支}\,\eta_{斗}\,\eta_{农} \tag{2-25}$$

渠系水利用系数反映整个渠系的水量损失情况，它不仅反映出灌区的自然条件和工程技术情况，还反映出灌区的管理工作水平。我国自流灌区的渠系水利用系数见表 2-24。提水灌区的渠系水利用系数稍高于自流灌区。

表 2-24　　我国自流灌区渠系水利用系数

灌溉面积/万亩	<1.0	1.0～10.0	10～30	30～100	>100
渠系水利用系数 η_s	0.85～0.75	0.75～0.70	0.70～0.65	0.60	0.55

(3) 田间水利用系数。田间水利用系数是实际灌入田间的有效水量（对旱作农田，指蓄存在计划湿润层中的灌溉水量；对水稻田，指蓄存在格田内的灌溉水量）和末级固定渠道（农渠）放出水量的比值，用符号 η_f 表示。

$$\eta_f = \frac{A_{农}\, m_n}{W_{农净}} \tag{2-26}$$

式中　$A_{农}$——农渠的灌溉面积，亩；

m_n——净灌水定额，m^3/亩；

$W_{农净}$——农渠供给田间的水量，m^3。

田间水利用系数是衡量田间工程状况和灌水技术水平的重要指标。在田间工程完善、灌水技术良好的条件下，旱作农田的田间水利用系数可以达到 0.9 以上，水稻田的田间水利用系数可以达到 0.95 以上。

(4) 灌溉水利用系数。灌溉水利用系数是实际灌入农田的有效水量和渠首引入水量的比值，用符号 η_0 表示。它是评价渠系工作状况、灌水技术水平和灌区管理水平的综合指标，可按下式计算：

$$\eta_0 = \frac{A m_n}{W_g} \tag{2-27}$$

式中　A——某次灌水全灌区的灌溉面积，亩；

m_n ——净灌水定额，m^3/亩；

W_g ——某次灌水渠首引入的总水量，m^3。

以上这些经验系数的数值与灌区大小、渠床土质和防渗措施、渠道长度、田间工程状况、灌水技术水平以及管理工作水平等因素有关。在引用别的灌区的经验数据时，应注意这些条件要相似。

选定适当的经验系数之后，就可根据净流量计算相应的毛流量。

（二）渠道的工作制度

渠道的工作制度就是渠道的输水工作方式，分为续灌和轮灌两种。在一次灌水延续时间内，自始至终连续输水的渠道称为续灌渠道，这种输水工作方式称为续灌。一般灌溉面积较大的灌区，干、支渠多采用续灌。同一级渠道在一次灌水延续时间内轮流输水的工作方式称为轮灌。实行轮灌的渠道称为轮灌渠道。实行轮灌时，缩短了各条渠道的输水时间，加大了输水流量，同时工作的渠道长度较短，从而减少了输水损失水量，有利于农业耕作和灌水工作的配合，有利于提高灌水工作效率。但是，因为轮灌加大了渠道的设计流量，也就增加了渠道的土方量和渠道建筑物的工程量。如果流量过分集中，还会造成劳力紧张，在干旱季节还会影响各用水单位的均衡受益。所以，一般较大的灌区，只在斗渠以下实行轮灌。

实行轮灌时，渠道分组轮流灌水，分组方式可归纳为以下两种：

（1）集中编组。将邻近的几条渠道编为一组，上级渠道按组轮流供水，如图 2-6（a）所示。采用这种编组方式，上级渠道的工作长度较短，输水损失水量较小。但相邻几条渠道可能同属一个生产单位，会引起灌水工作紧张。

（2）插花编组。将同级渠道按编号的奇数和偶数分别编组，上级渠道按组轮流供水，如图 2-6（b）所示。这种编组方式的优缺点恰好和集中编组相反。

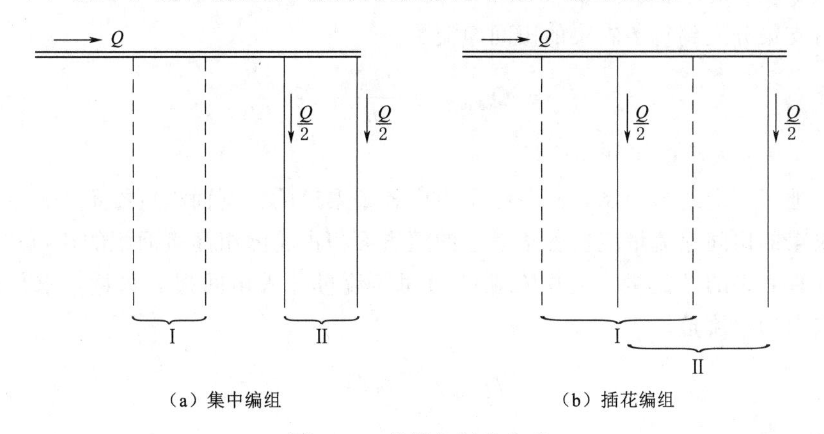

（a）集中编组　　（b）插花编组

图 2-6　轮灌组划分方式

实行轮灌时，无论采取哪种编组方式，轮灌组的数目都不宜太多，以免造成劳动力紧张，一般以 2～3 组为宜。

划分轮灌组时，应使各组灌溉面积相似，以利于配水。

（三）渠道设计流量推算

渠道的工作制度不同，设计流量的推算方法也不同，下面分别予以介绍。

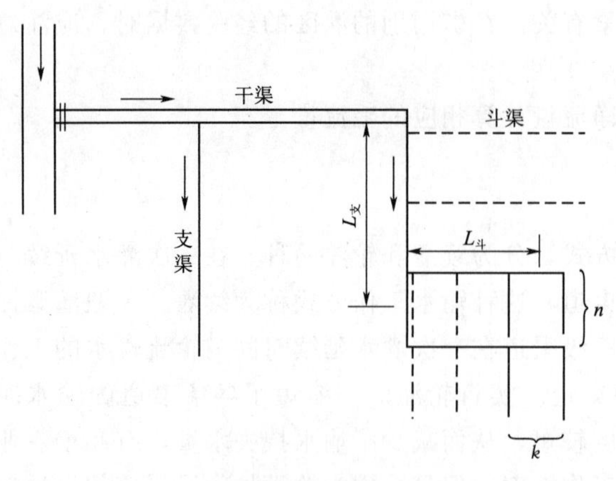

图 2-7　渠道轮灌示意图

1. 轮灌渠道设计流量的推算

因为轮灌渠道的输水时间小于灌水延续时间，所以不能直接根据设计灌水模数和灌溉面积自下而上地推算渠道设计流量。常用的方法是：根据轮灌组划分情况自上而下逐级分配末级续灌渠道（一般为支渠）的田间净流量，再自下而上逐级计入输水损失水量，推算各级渠道的设计流量。

以图 2-7 为例，支渠为末级续灌渠道，斗、农渠的轮灌组划分方式为集中编组，同时工作的斗渠有 2 条，农渠有 4 条。为了使其具有普遍性，设同时工作的斗渠有 n 条，每条斗渠里同时工作的农渠有 k 条。

（1）计算支渠的设计田间净流量。在支渠范围内，不考虑损失水量的设计田间净流量为

$$Q_{支田净}=A_{支}\ q_{设} \tag{2-28}$$

式中　$Q_{支田净}$——支渠的田间净流量，m^3/s；

$A_支$——支渠的灌溉面积，万亩；

$q_设$——设计灌水模数，$m^3/(s·万亩)$。

（2）由支渠分配到每条农渠的田间净流量。

$$Q_{农田净}=\frac{Q_{支田净}}{nk} \tag{2-29}$$

式中　$Q_{农田净}$——农渠的田间净流量，m^3/s。

在丘陵地区，受地形限制，同一级渠道中各条渠道的控制面积可能不等。在这种情况下，斗、农渠的田间净流量应按各条渠道的灌溉面积占轮灌组灌溉面积的比例进行分配。

（3）计算农渠的净流量。先由农渠的田间净流量计入田间损失水量，求得田间毛流量，即得农渠的净流量。

$$Q_{农净}=\frac{Q_{农田净}}{\eta_f} \tag{2-30}$$

式中符号意义同前。

（4）推算各级渠道的设计流量（毛流量）。根据农渠的净流量自下而上逐级计入渠道输水损失，得到各级渠道的毛流量，即设计流量。由于有两种估算渠道输水损失水量的方法，由净流量推算毛流量也就有两种方法。

1）经验公式估算：

$$Q_g = Q_n(1+\sigma L) \tag{2-31}$$

式中 Q_g——渠道的毛流量，m^3/s；

Q_n——渠道的净流量，m^3/s；

σ——每公里渠道损失水量与净流量比值；

L——最下游一个轮灌组灌水时渠道的平均工作长度，km（计算农渠毛流量时，可取农渠长度的一半进行估算）。

2）经验系数估算：

$$Q_g = \frac{Q_n}{\eta_c} \tag{2-32}$$

在大中型灌区，支渠数量较多，支渠以下的各级渠道实行轮灌。如果都按上述步骤逐条推算各条渠道的设计流量，工作量很大。为了简化计算，通常选择一条有代表性的典型支渠（作物种植、土壤性质、灌溉面积等影响渠道流量的主要因素，具有代表性），按上述方法推算支、都、农渠的设计流量，计算支渠范围内的灌溉水利用系数 $\eta_{支水}$，以此作为扩大指标，用下式计算其余支渠的设计流量：

$$Q_{支} = \frac{qA_{支}}{\eta_{支水}} \tag{2-33}$$

同样，以典型支渠范围内各级渠道水利用系数作为扩大指标，可计算出其他支渠控制范围内的支、农渠的设计流量。

2. 续灌渠道设计流量计算

在一次灌水延续时间内，自始至终连续输水的渠道称为续灌渠道，这种输水方式称为续灌。

续灌渠道一般为干、支渠道，渠道流量较大，上、下游流量相差悬殊，这就要求分段推求设计流量，各渠段采用不同的断面。另外，各级续灌渠道的输水时间都等于灌区灌水延续时间，可以直接由下级渠道的毛流量推算上级渠道的毛流量。所以，续灌渠道设计流量的推算方法是自下至上逐级、逐段进行推算。

由于渠道水利用系数的经验值是根据渠道全部长度的输水损失情况统计出来的，它反映出不同流量在不同渠段上运行时输水损失的综合情况，而不能代表某个具体渠段的水量损失情况。所以，在分段推算续灌渠道设计流量时，一般不用经验系数估算输水损失水量，而用经验公式估算。具体推算方法以图 2-8 为例说明如下。

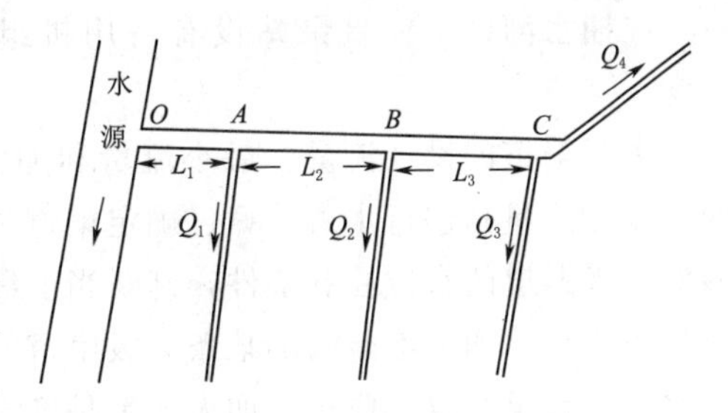

图 2-8 干渠流量推算图

图中表示的渠系有一条干渠和四条支渠，各支渠的毛流量分别为 Q_1、Q_2、Q_3、Q_4，支渠取水口把干渠分成三段，各段长度分别为 L_1、L_2、L_3，各段的设计流量分别为 Q_{OA}、Q_{AB}、Q_{BC}，计算公式如下：

$$Q_{BC} = (Q_3+Q_4)(1+\sigma_3 L_3) \tag{2-34}$$

$$Q_{AB} = (Q_{BC}+Q_2)(1+\sigma_2 L_2) \tag{2-35}$$

$$Q_{OA}=(Q_{AB}+Q_1)(1+\sigma_1 L_1) \tag{2-36}$$

（四）渠道最小流量和加大流量的计算

1. 渠道最小流量的计算

以修正灌水模数图上的最小灌水模数值作为计算渠道最小流量的依据，计算的方法步骤与设计流量相同，不再赘述。

对于同一条渠道，其设计流量（$Q_{设}$）与最小流量（$Q_{最小}$）相差不要过大，否则在用水过程中，有可能因水位不够而造成引水困难。为了保证对下级渠道正常供水，目前有些灌区规定渠道最小流量以不低于渠道设计流量的40%为宜；也有的灌区规定渠道最低水位等于或大于70%的设计水位。在实际灌水中，如某次灌水定额过小，可适当缩短供水时间，集中供水，使流量大于最小流量。

2. 渠道加大流量的计算

渠道加大流量的计算是以设计流量为基础，将设计流量乘以"加大系数"即得。按式（2-37）计算：

$$Q_J=JQ_d \tag{2-37}$$

式中　Q_J——渠道加大流量，m^3/s；

J——渠道流量加大系数，见表2-25；

Q_d——渠道设计流量，m^3/s。

表2-25　渠道流量加大系数

渠道设计流量/(m^3/s)	<1	1～5	5～10	10～30	>30
渠道流量加大系数 J	1.35～1.30	1.30～1.25	1.25～1.20	1.20～1.15	1.15～1.10

轮灌渠道控制面积较小，轮灌组内各条渠道的输水时间和输水流量可以适当调剂，因此，轮灌渠道不考虑加大流量。

在抽水灌区，渠首泵站设有备用机组时，干渠的加大流量按备用机组的抽水能力而定。

灌溉渠道的设计流量、最小流量和加大流量确定以后，就可据此设计渠道的纵横断面。设计流量是进行水力计算、确定渠道过水断面尺寸的主要依据。最小流量主要用来校核对下级渠道的水位控制条件，判断当上级渠道输送最小流量时，下级渠道能否满足相应的最小流量。如果不能满足某条下级渠道的进水要求，就要在该分水口下游设节制阀，壅高水位，满足其取水要求。加大流量是确定渠道断面深度和堤顶高度的依据。

渠道纵断面和横断面的设计是相互联系、互为条件的。在设计实践中，不能把它们截然分开，而要通盘考虑、交替进行、反复调整，最后确定合理的设计方案。

（五）渠道横断面结构

由于渠道过水断面和渠道沿线地面的相对位置不同，渠道断面有挖方断面、填方断面和半挖半填断面三种形式，其结构各不相同。

1. 挖方渠道断面结构

对挖方渠道，为了防止坡面径流的侵蚀、渠坡坍塌以及便于施工和管理，除正确选择边坡系数外，当渠道挖深大于5m时，应每隔3～5m高度设计一道平台。挖深大于10m时，不仅施工困难，边坡也不易稳定，应改用隧洞等。挖方渠道横断面如图2-9所示。

2. 填方渠道断面结构

填方渠道易于溃决和滑坡，要认真选择内、外边坡系数。填方高度大于3m时，应通过稳定分析确定边坡系数，有时需在外坡脚处设置排水反滤体。填方高度很大时，需在外坡设置平台。填方渠道横断面如图2-10所示。

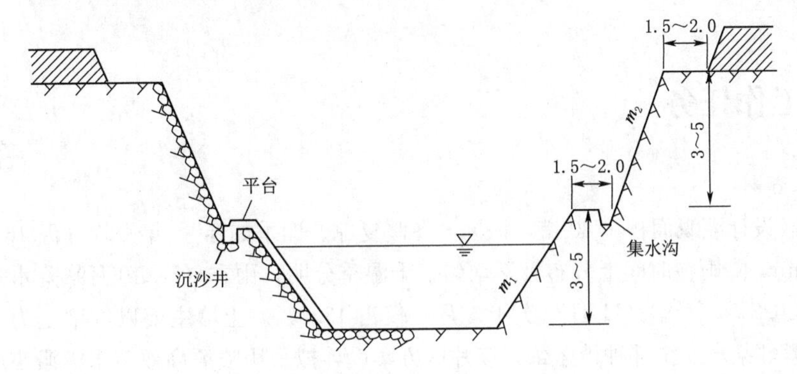

图2-9　挖方渠道横断面（单位：m）

3. 半挖半填渠道

半挖半填渠道的挖方部分为筑堤提供土料，填方部分为挖方弃土提供场所，渠道工程费用少，当挖方量等于填方量（考虑沉陷影响，外加10%～20%的土方量）时，工程费用最少。半挖半填断面如图2-11所示。

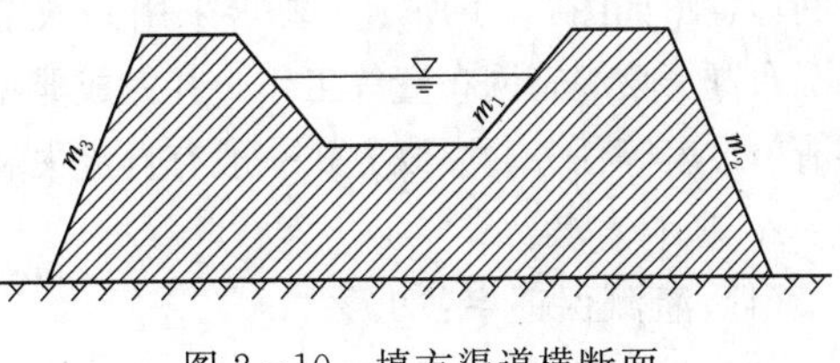

图2-10　填方渠道横断面

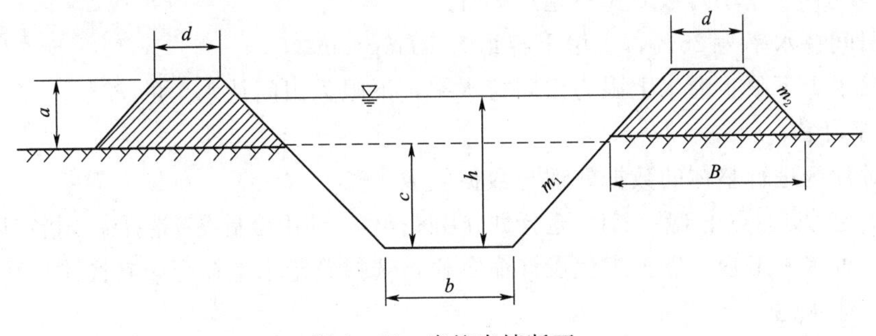

图2-11　半挖半填断面

工作任务三　高效节水灌溉设计软件 V6.0 应用

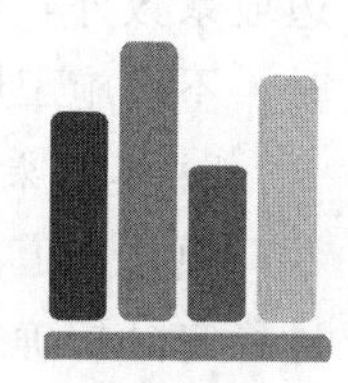

一、工作任务

1. 基本资料

某项目区设计灌溉面积 1780 亩，该区“冬暖夏凉、四季如春”，年平均气温 16.5℃，年降水量 928.3mm，降雨在时间上分布极不均匀，干湿季分明，雨季（5—10 月）降水量约占全年总降水量的 86.8%，干季（11 月至次年 4 月）仅占 13.2%。土壤主要以红壤土为主。该区为缓坡耕地且紧邻某水库全部种植蓝莓，该片区方案设计拟采用喷灌高效节水灌溉措施，喷头选用摇臂式喷头，流量为 3.92m^3/h，喷头和支管的间距为 18m，喷头工作压力为 25MPa。灌区管网示意图如图 3-1 所示，要求采用高效节水灌溉设计软件进行高程数据采集、片区划分、水源布置、喷灌管网布置等工作，并完成典型管道纵断面图绘制和出管道流量、水力计算及材料清单报表等任务。灌溉方式一般有自流失和直通式两种，本任务选用自流式灌溉方式。

2. 基本参数

（1）灌溉保证率：90%。

（2）灌溉水利用系数 η：0.9。

（3）系统日工作小时数 C：不超过 22h。

（4）田间持水率为 25%，土壤干容重为 1.36g/cm^3。

（5）灌水上下限：灌水上限为田间持水率，下限为田间持水率的 72%。

3. 设计内容

（1）对片区进行整体的数据处理与数据生成。

（2）指定片区。点击工程设计，选择划分片区操作，使用绘制或者选择命令指定片区范围。

（3）布置水源工程。点击工程设计命令栏，选择确定水池命令，在图中主干管起点位置绘制并标注水池。

（4）设置管道属性，并选择工程设计，进行各级管道的绘制。

（5）输入喷灌计算中的所需的片区设计参数，确定片区喷灌工作制度参数；

（6）划分轮灌组，计算片区内各级管道的流量、管径及水头损失。

（7）汇总片区计算结果出相关工程报表，如水力计算结果表、管道材料表、出水口明细表等。

（8）绘制管道纵横断面图。

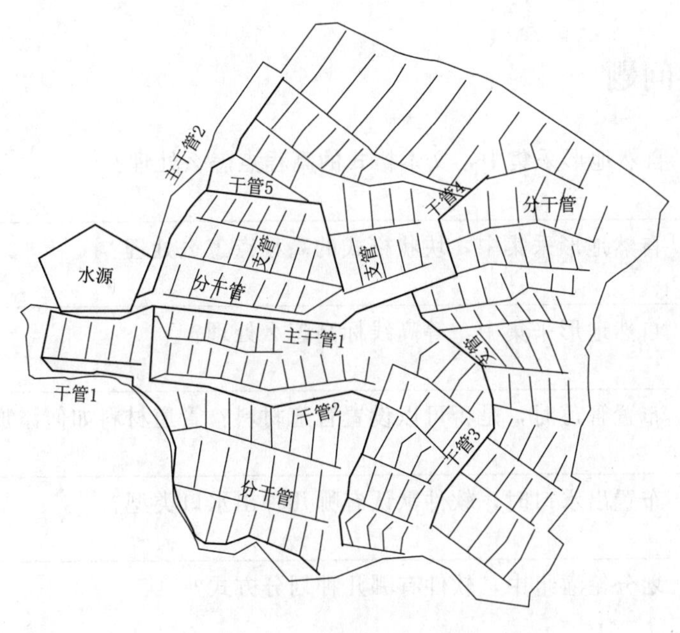

图 3-1　灌区管网示意图

二、工作目标

（1）能应用软件喷灌布置水源工程、首部枢组、管网。
（2）能正确选用软件中的计算公式，计算灌溉制度、相关参数。
（3）能合理利用软件汇总管道水力计算报表、材料报表等相关报表。
（4）能用软件绘制管道横纵断面图。

三、任务分组

按照表 3-1 填写学生任务分组表。

表 3-1　　　　　　　　　　**学生任务分组表**

班级		组号		指导老师	
组长		学号			
组员					
任务分工					

四、引导问题

引导问题 1：自然地形采集中，文本格式的高程点怎么处理？

____。

引导问题 2：自然地形采集中，块状格式的高程点怎么处理？

____。

引导问题 3：自然地形采集中，等高线标高怎么处理？

____。

引导问题 4：布置管道时，是否可以设置管道材料？管道材料如何添加？

____。

引导问题 5：布置出水口时，软件默认有哪几种出水口类型？

____。

引导问题 6：划分轮灌组中，软件有哪几种划分方式？

____。

引导问题 7：定义轮灌组时，添加组有哪两种方式？

____。

引导问题 8：设计参数有哪些？默认的参数是否可以手动修改？

____。

引导问题 9：根据实际项目设定参数后，是否有保存和读取参数功能？如何操作？

____。

引导问题 10：滴灌、喷灌、管灌计算是否可以导出对应的设计公式？具体怎么操作？

____。

引导问题 11：分干管流量计算有哪几种计算方式？

____。

引导问题 12：软件导出工程报表一般有哪几种选择方式？

____。

引导问题 13：管道纵断面出图时，参数设置怎么调出？

____。

五、工作计划

表 3-2　　高效节水灌溉设计软件应用工作方案

工作步骤	工　作　内　容	负责人
1		
2		
3		

续表

工作步骤	工　作　内　容	负责人
4		
5		
6		
7		
8		
9		

六、进度决策

表 3-3　　高效节水灌溉设计软件应用进度决策

工作任务	工作时间安排	
	上午	下午
1）对片区进行整体的数据处理与数据生成； 2）指定片区； 3）布置水源工程	√	
4）设置管道属性，完成管道绘制； 5）输入片区内设计参数，确定片区喷灌工作制度参数		√
6）划分轮灌组，计算片区内各级管道的流量、管径及水头损失； 7）管道水力计算	√	
8）汇总片区计算结果出相关工程报表； 9）纵横断面出图		√

七、工作实施

按照高效节水灌溉设计软件的操作步骤完成相关任务。

【步骤 1】 启动软件。

以管理员身份运行桌面上的软件图标，如图 3-2 所示，选择已安装的 CAD 版本，然后点击“进入 DLand V6.0”进入软件工作界面，如图 3-3 所示。

高效节水灌溉设计软件基于 CAD 平台开发设计，软件工作界面中包括软件特有菜单栏和 CAD 平台命令栏，“软件菜单栏”用于完成节水灌溉设计具体任务操作，“CAD 命令

图 3-2　软件登录平台

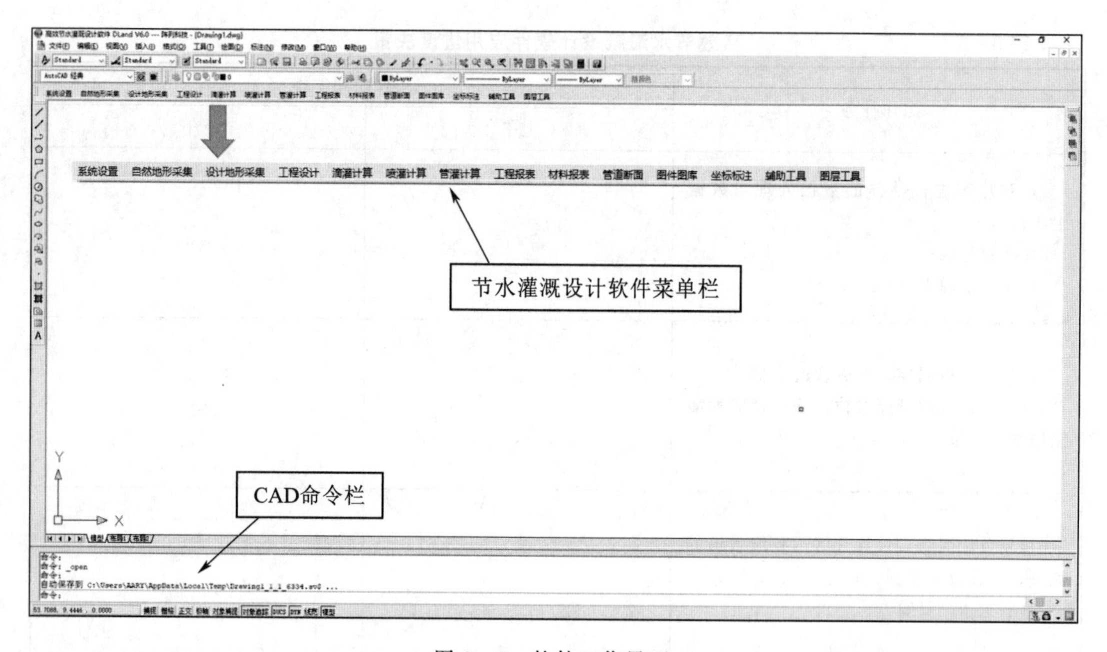

图 3-3　软件工作界面

栏”可以同时进行 CAD 相关命令操作，下面结合本工作任务重点介绍软件菜单操作。

【步骤 2】 原始地形数据处理。

一般获取原始地形图后，先要对图上的数据进行采集处理，便于软件识别进行后续的计算以及出表。软件地形采集分为自然地形采集和设计地形采集，区别在于一个是自然数据，另一个是设计数据，其软件操作基本相同。

本项目区原始自然标高属性是文本格式的，所以通过菜单“自然地形采集＼采集离散点标高”对项目区原始标高进行处理，如图 3-4 所示。

具体操作：选择“自然地形采集＼采集离散点标高”，用 CAD 命令栏“选某层<1>＼选对象 Y”，弹出如图 3-5 所示数据采集窗口，点击“确定”，软件即会成功采集地形图上的标高数据，如图 3-6 所示。

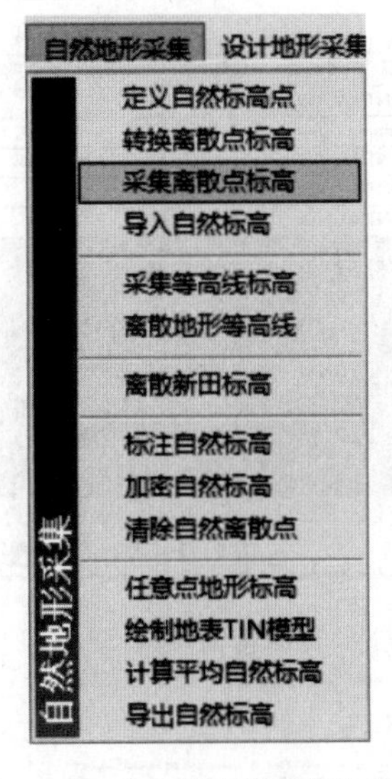

图 3-4 “自然地形采集”菜单

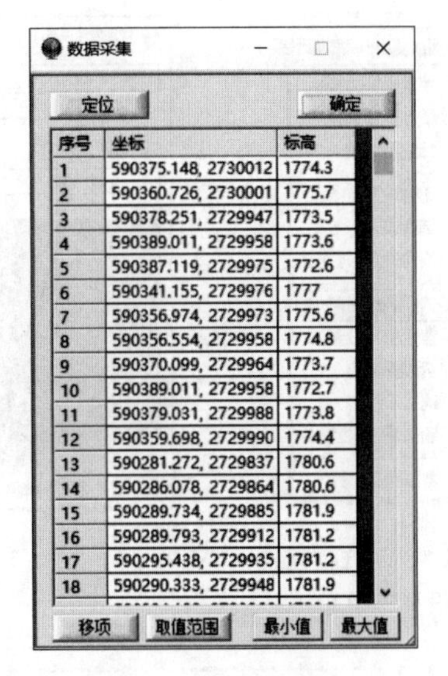

图 3-5 数据采集

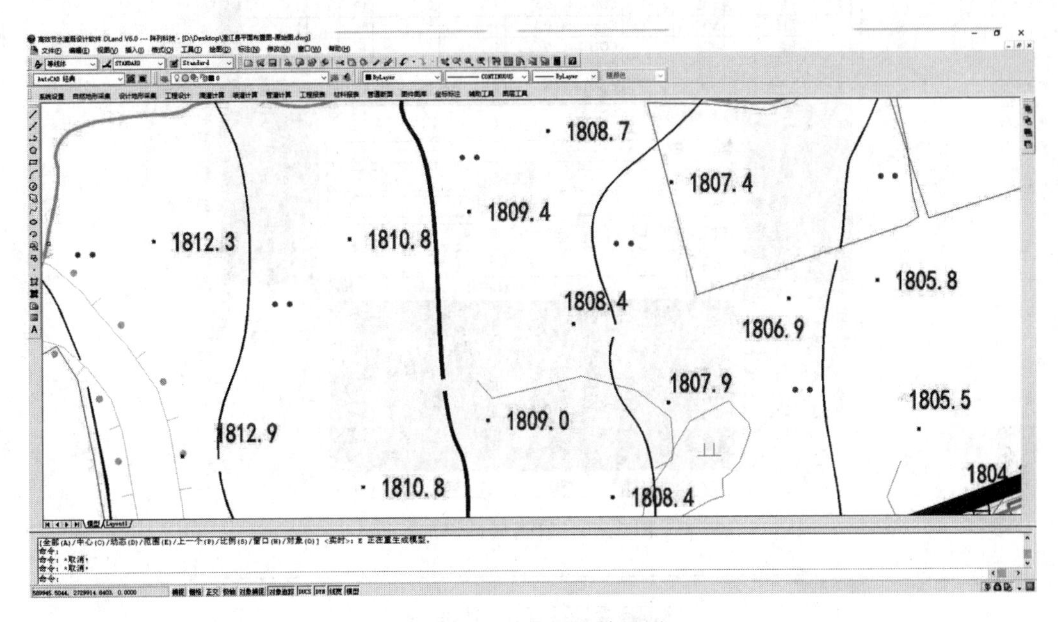

图 3-6 数据处理效果图

【步骤 3】 管道属性设置。

开始项目之前，设计人员可以通过图 3-7 所示菜单对管道属性进行设置。软件默认有干管、分干管、支管、毛管等几种管道属性，如图 3-8 所示。根据不同的项目需要，设计人员可以添加不同类型的管道属性，如图 3-9 所示，添加后即可在菜单“工程设计\管道布置”中调用添加的管道，如图 3-10 所示。也可修改已有的管道属性，例如修改管道线型的颜色或者字高等，如图 3-11 所示。

具体操作：选择菜单“系统设置\管道属性设置”。

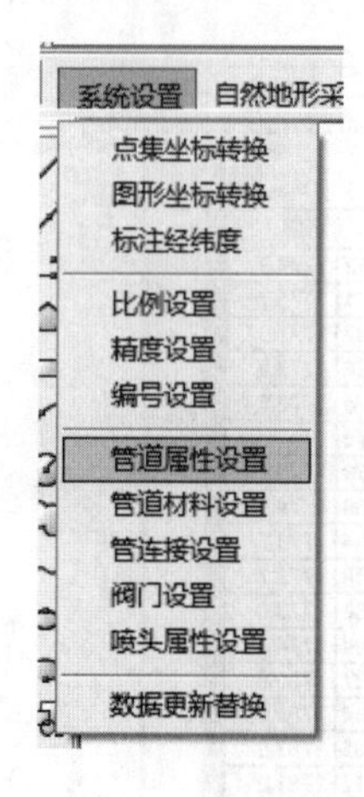

图 3-7　“管道属性设置”菜单

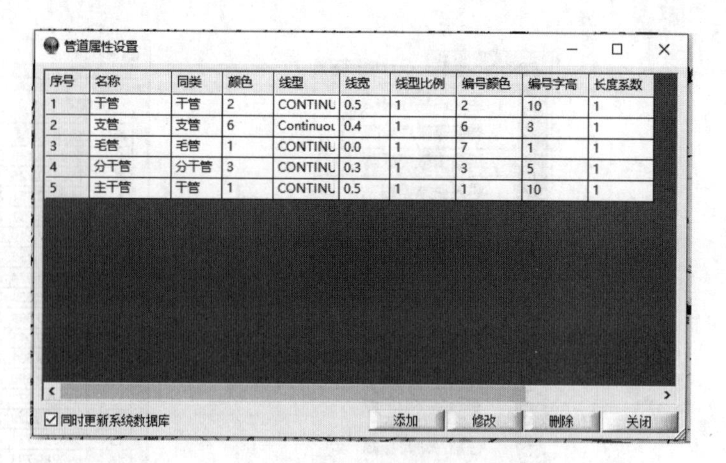

图 3-8　管道属性设置

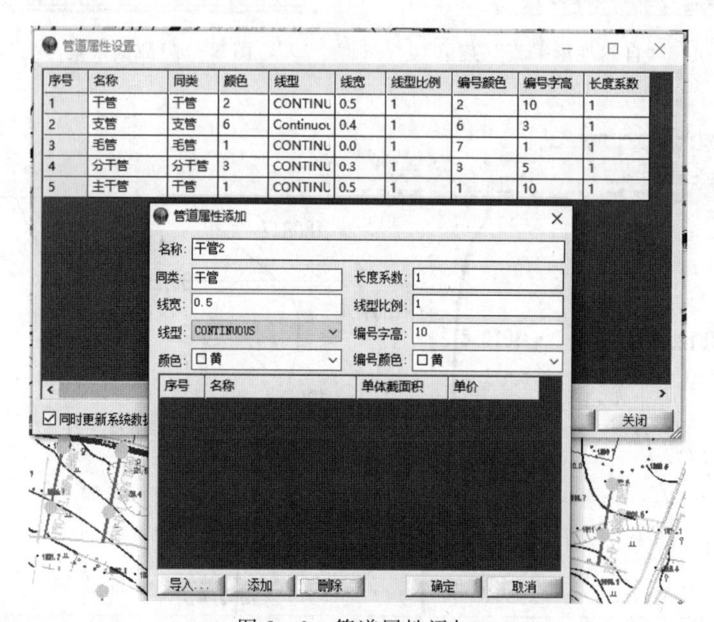

图 3-9　管道属性添加

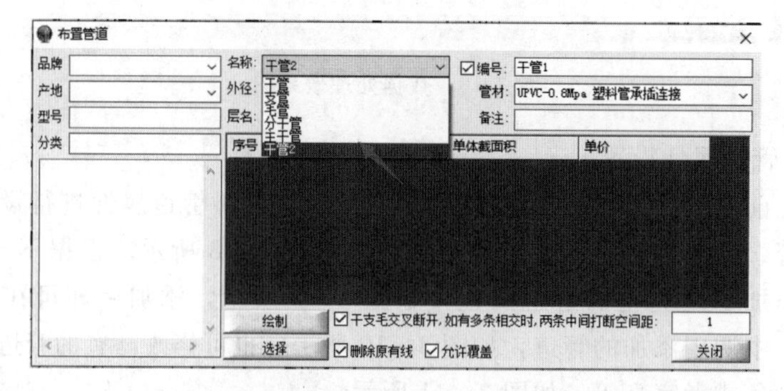

图 3-10　调用属性添加后的管道

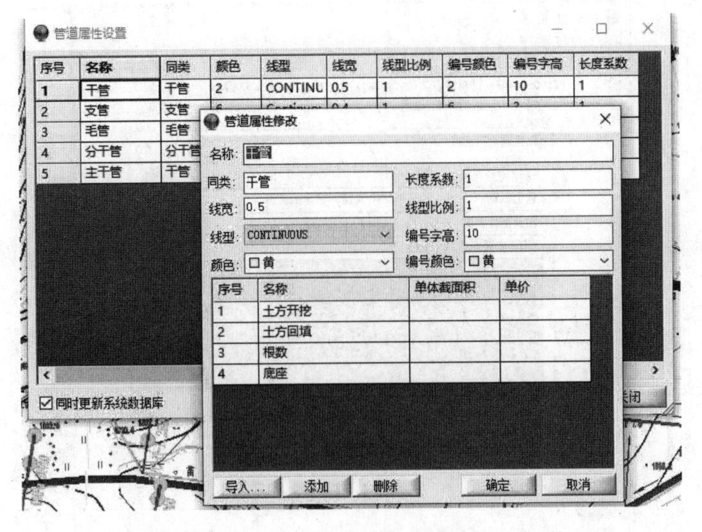

图 3-11　管道属性修改

【步骤 4】 管道材料设置。

在开始项目之前，设计人员可以通过图 3-12 所示菜单对管道材料进行设置。软件默认有图 3-13 所示的几种管道材料。根据不同的项目需要，设计人员可以添加不同类型的管道材料，如图 3-14 所示，添加之后就可以在菜单“工程设计 \ 管道布置”中调用添加的管道材料，如图 3-15 所示。

具体操作：选择菜单“系统设置 \ 管道材料设置”。

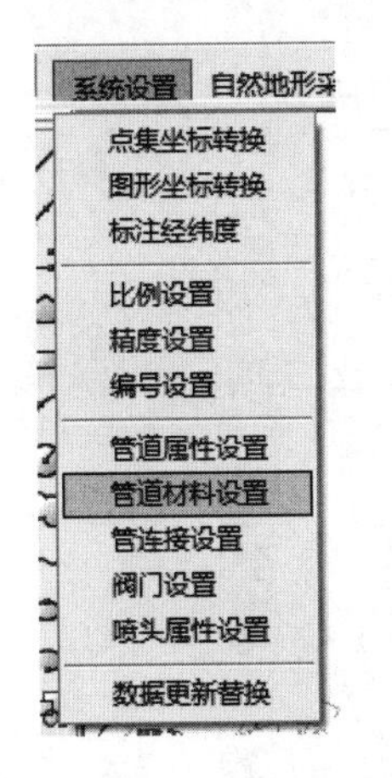

图 3-12　“管道材料设置”菜单

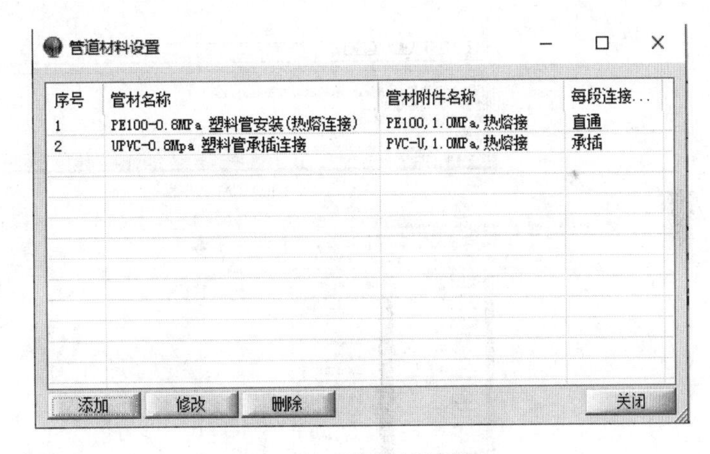

图 3-13　管道材料设置

【步骤 5】 片区划分。

通常工程设计需要指定工作片区，因此设计人员需选择菜单“工程设计 \ 划分片区”进行操作。如果地形图上已有封闭多边形，设计人员需使用该界面中 CAD 命令栏内的“选择<2>”命令，如图 3-16（a）所示，然后选择封闭多边形作为项目片区，如图 3-16（b）所示。

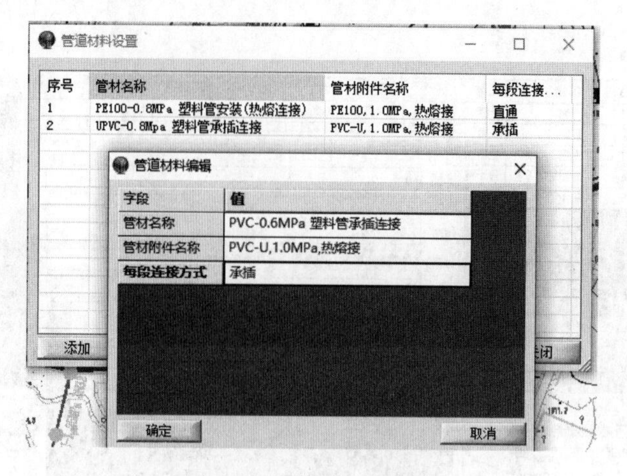

图 3-14　管道材料编辑

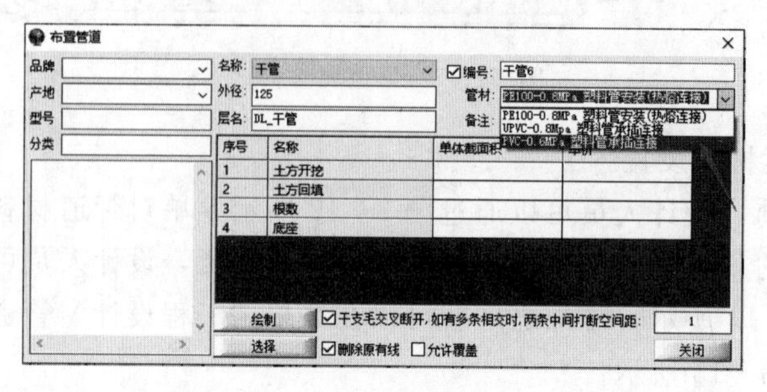

图 3-15　调用添加后的管道材料

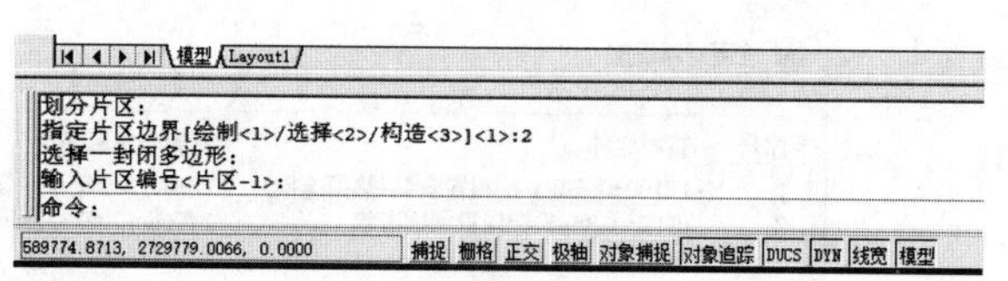

（a）CAD命令栏

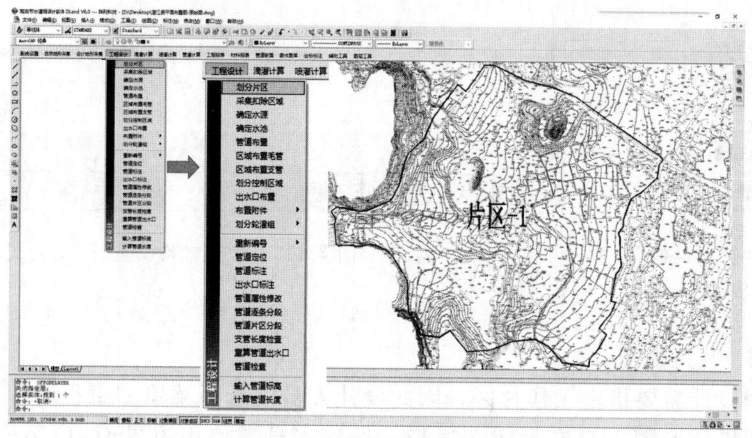

（b）划分片区菜单栏

图 3-16　划分片区

【步骤 6】 布置水源工程。

首先选择菜单“工程设计 \ 确定水池”，然后通过该界面中 CAD 命令栏选择“绘制<1>”命令，再在图上主干管位置绘制并标注指定布置点，成功确定水池位置，如图 3-17 所示。最后在 CAD 命令栏中输入“S”可以设置水池半径。默认半径是 20，这里可根据项目实际要求进行设置。

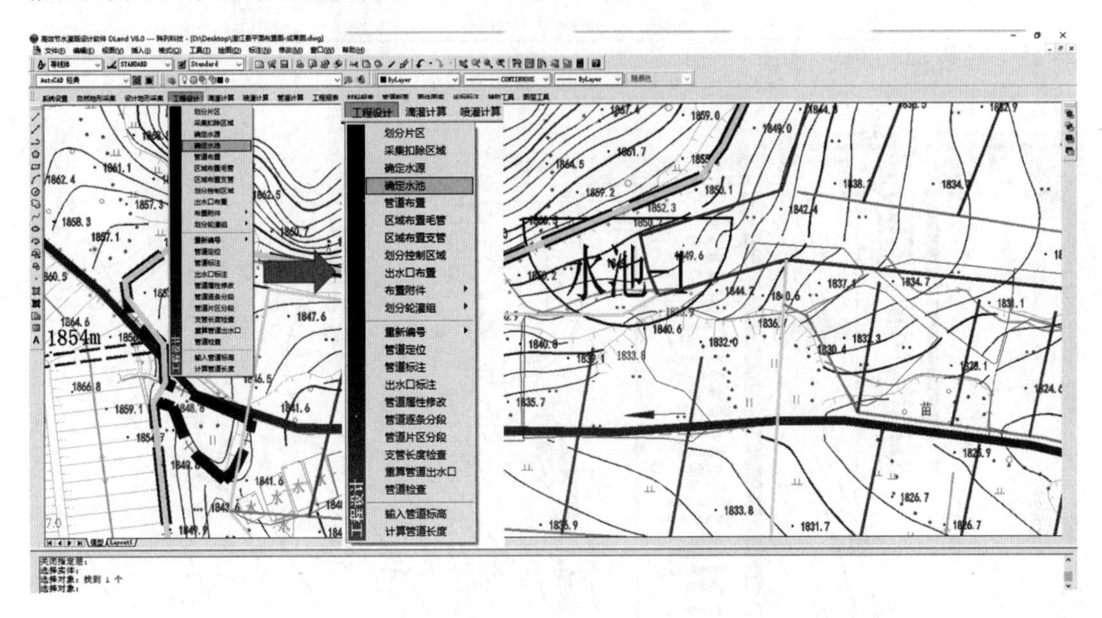

图 3-17　确定水池图

【步骤 7】 管网布设。

软件提供两种管线布设方式：一种是需要预先通过 CAD 手动绘制管线，再通过高效节水灌溉设计软件打开该文件后，通过菜单“工程设计 \ 管道布置”，打开“布置管道”窗口，选择该窗口的“选择”框，赋予不同级别管线相应的管道属性；另一种是直接通过该窗口的“绘制”命令直接绘制具有管道属性的管线。在实际工程中，常使用第一种方式手动布置管线，本案例中即采用此方式完成管网布设。

用“布置管道”窗口中“选择”命令绘制管道时，如果管道较少，选择方式可以用“依次选择编号”依次选择管线，例如本项目中的主干管或者干管。如果管道较多，可以先用 CAD 软件中图层工具菜单栏的显示指定层功能，只显示该层，选择方式可以用“框选范围”框选这些管线，例如本项目中的分干管和支管。

如果有多段线已经是管道属性，需要把这条带管道的多段线重新布置成别的管道，这个时候需要勾选“布置管道”设置界面中的“允许覆盖”，再用“选择”命令布置管道。

布置管道时，右上角可以选择不同的管材，这里与系统设置中的管道材料设置对应。

(1) 主干管布置。选择菜单“工程设计 \ 管道布置”，进行主干管管道绘制，填写相应参数，如图 3-18 所示，主干管布置界面如图 3-19 所示。

(2) 干管布置。选择菜单“工程设计 \ 管道布置”，进行干管布置，如图 3-20、图 3-21 所示。

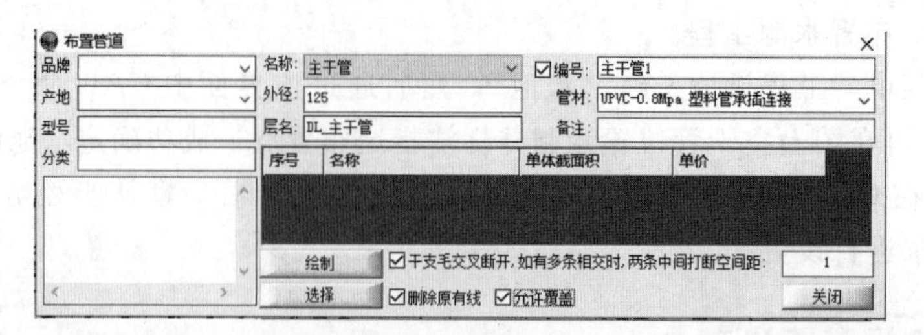

图 3-18　主干管布置设置

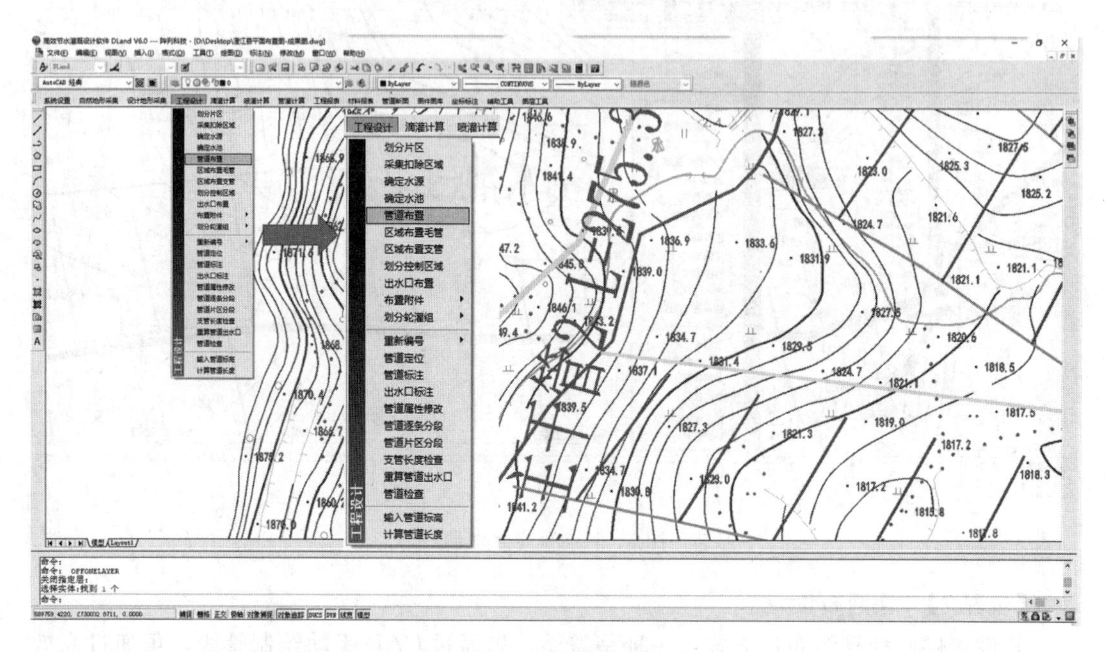

图 3-19　主干管布置界面

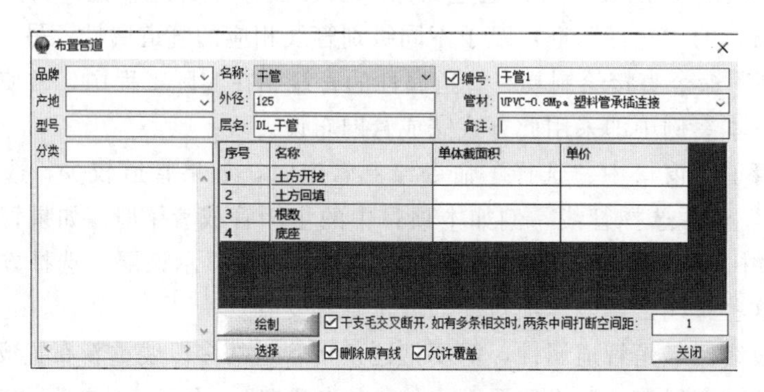

图 3-20　干管布置设置

（3）分干管布置。选择菜单“工程设计 \ 管道布置”，进行分干管布置，如图 3-22 和图 3-23 所示。

（4）支管布置。选择菜单“工程设计 \ 管道布置”，进行支管布置，如图 3-24、图 3-25 所示。

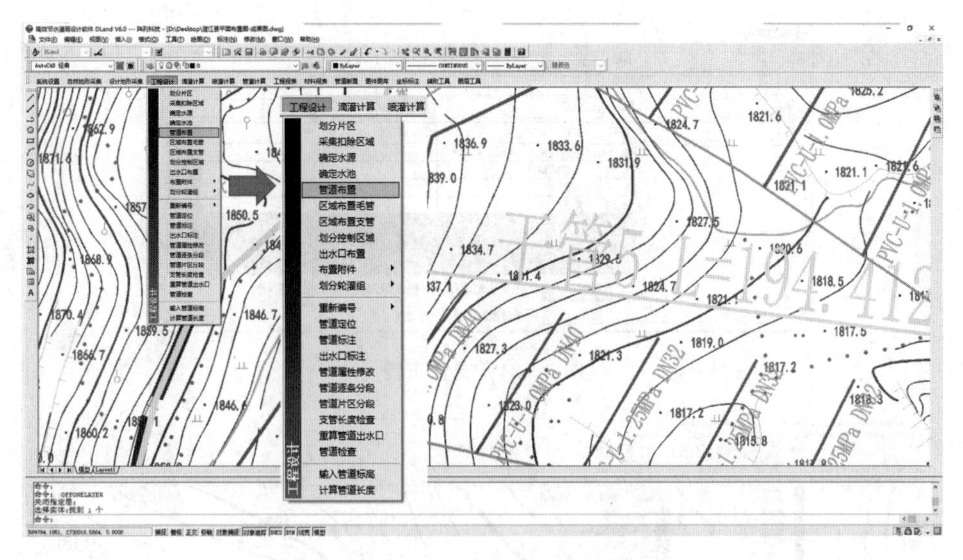

图 3-21　干管布置界面

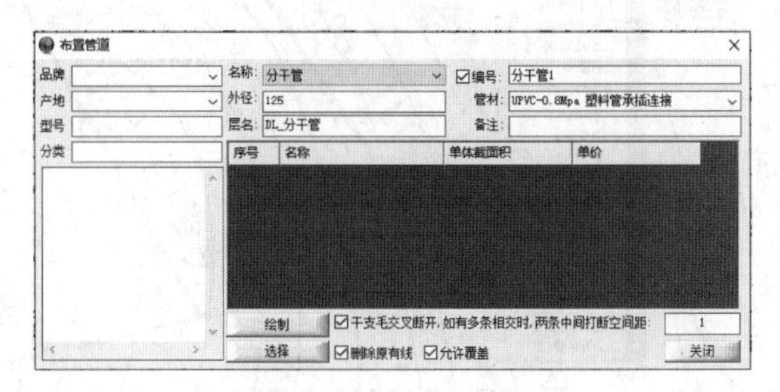

图 3-22　分干管布置

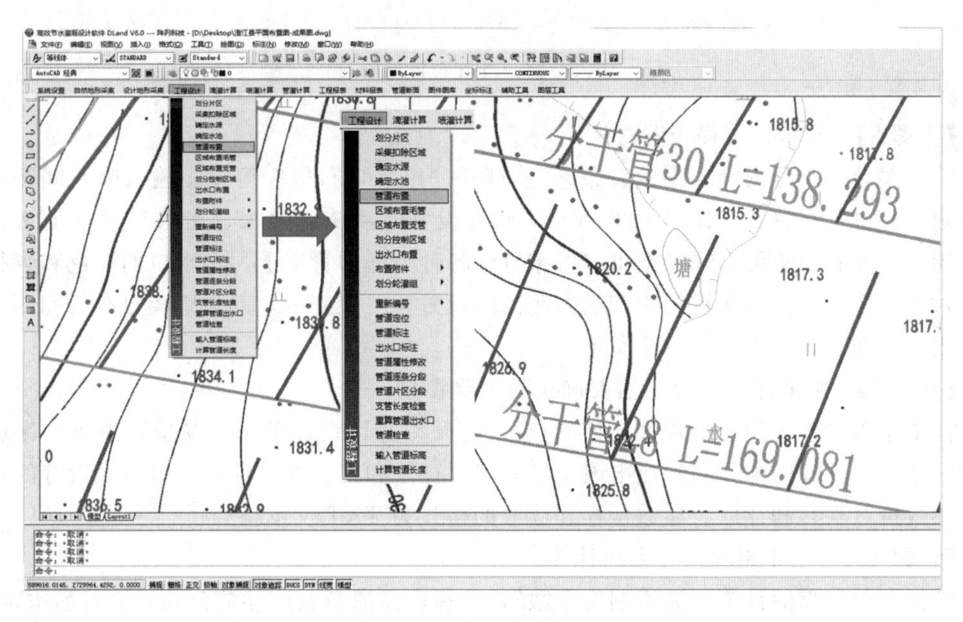

图 3-23　分干管布置界面

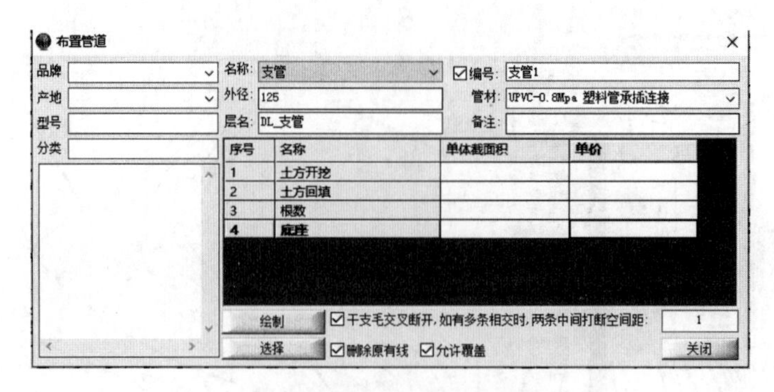

图 3-24　支管布置

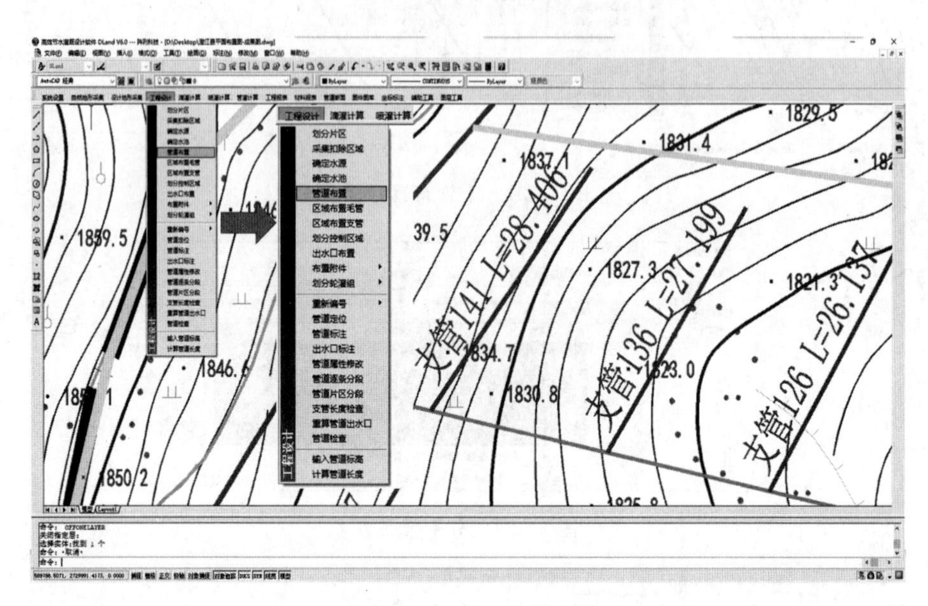

图 3-25　支管布置界面

【步骤 8】 出水口工程布置。

选择菜单"工程设计\出水口布置"，打开"出水口布置"窗口，输入喷头间距，对片区内喷头进行布置，如图 3-26 所示，软件设置有滴头、喷头、出水口三种出水口类型。图 3-26 右上角可以选择把出水口布置到各种类型的管道上，出水口的颜色和半径也可以对应设置，重点是布置间距和起布距离的设置。一般来说，起步距离是布置间距的一半。出水口布置界面如图 3-27 所示。

【步骤 9】 喷灌系统设计所需要确定的主要参数。

点击菜单"喷灌设计\片区设计参数"，打开"片区设计参数"窗口，设置片区设计参数，如图 3-28 所示。同时点击该窗口的"保存"和"读取"框，也可以对设置的片区各项参数进行保存和读取。参数保存和读取的格式为 TXT 文本格式。

【步骤 10】 工作制度相关参数计算。

选择菜单"喷灌计算\灌溉制度参数"，选择所需灌溉制度参数公式，进行灌水定额、灌水周期、一次灌水延续时间等参数计算，如图 3-29～图 3-35 所示。

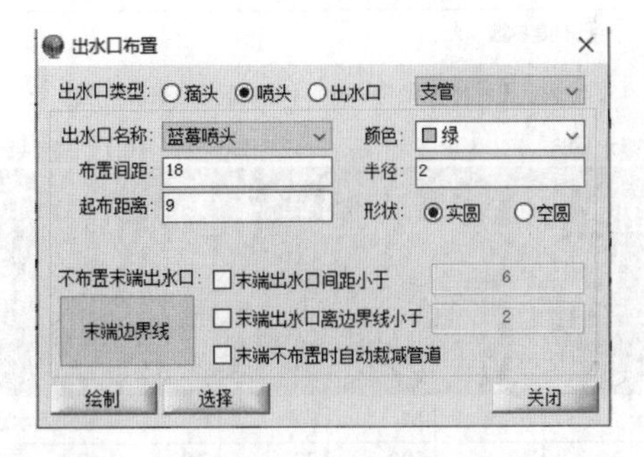

图 3-26 出水口布置

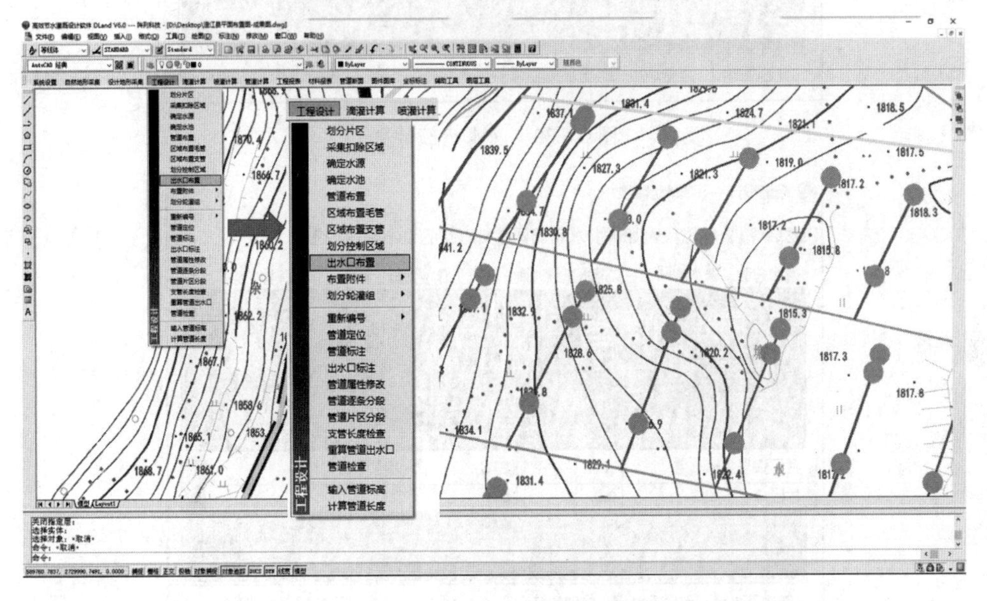

图 3-27 出水口布置界面

[片区-1]喷灌设计---片区设计参数

序号	项目名称	单位	数量
1	作物种类		蓝莓
2	喷洒水利用系数		0.9
3	田间持水率	%	25
4	日灌水时间	h	12
5	作物日蒸发蒸腾量	mm/d	6
6	有效降雨量	mm/d	0
7	地下水补给的水量	mm/d	0
8	土壤干容重	g/cm^:	1.36
9	土壤湿润层深度	cm	40
10	适宜的土壤含水率上限(占田间持水率)	%	100
11	适宜的土壤含水率下限(占田间持水率)	%	72
12	喷头流量	m^3/h	3.92
13	喷头间距	m	18
14	支管间距	m	18
15	移动喷头时间	h	0
16	工作压力水头	m	25

默认参数　保存　读取　确定　取消

图 3-28 片区设计参数

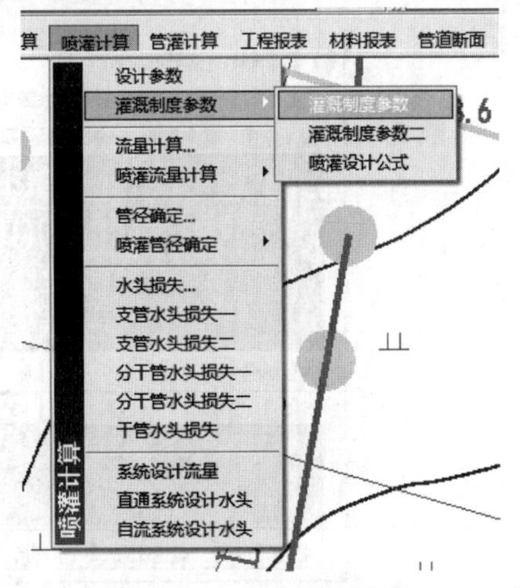

图 3-29 灌溉制度参数

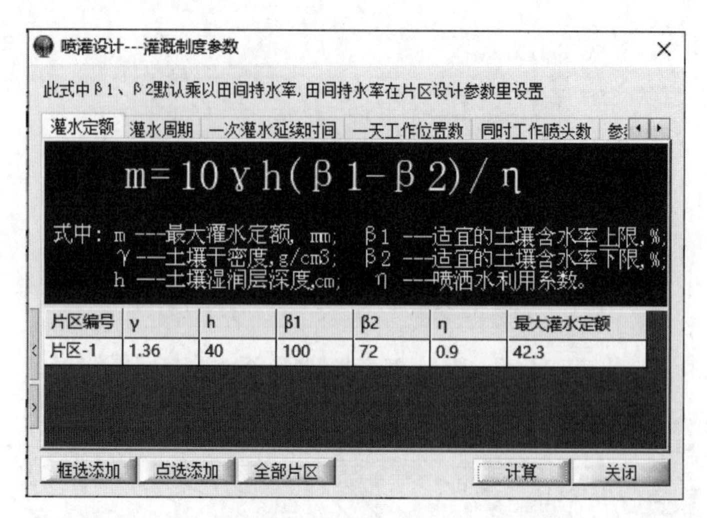

图 3-30　灌水定额计算

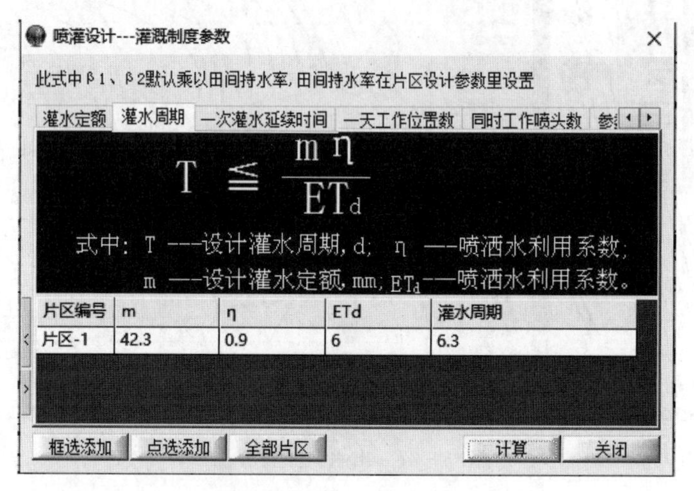

图 3-31　灌水周期计算

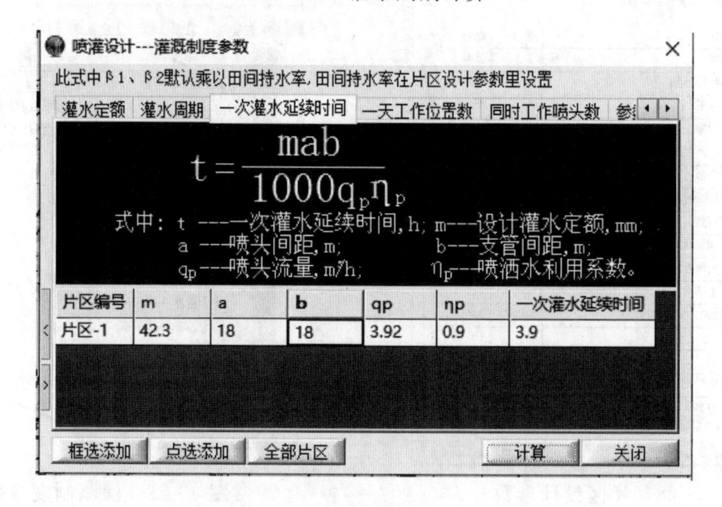

图 3-32　一次灌水延续时间计算

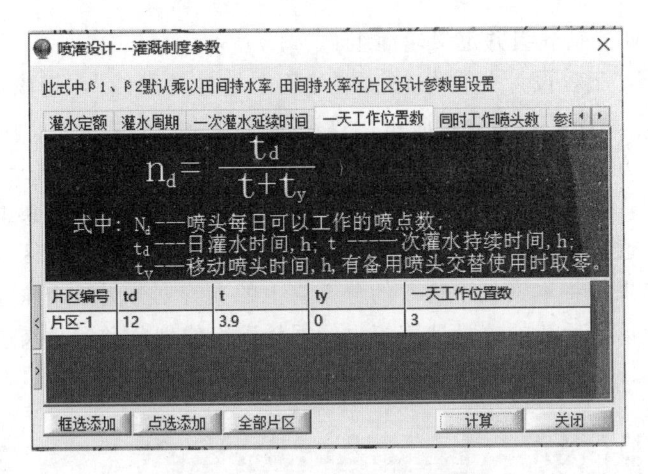

图 3-33　一天工作位置数计算

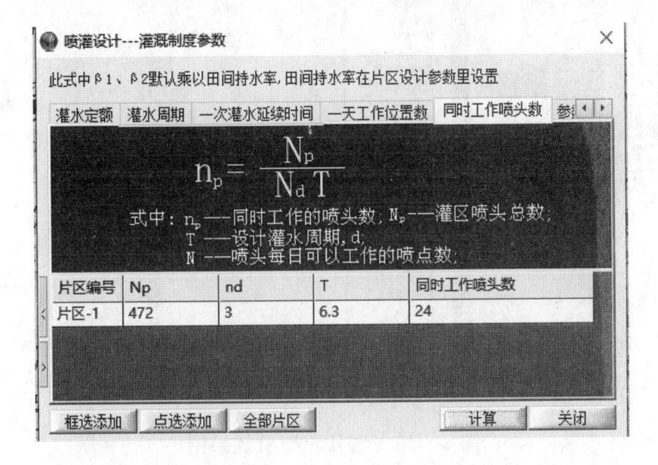

图 3-34　同时工作喷头数计算

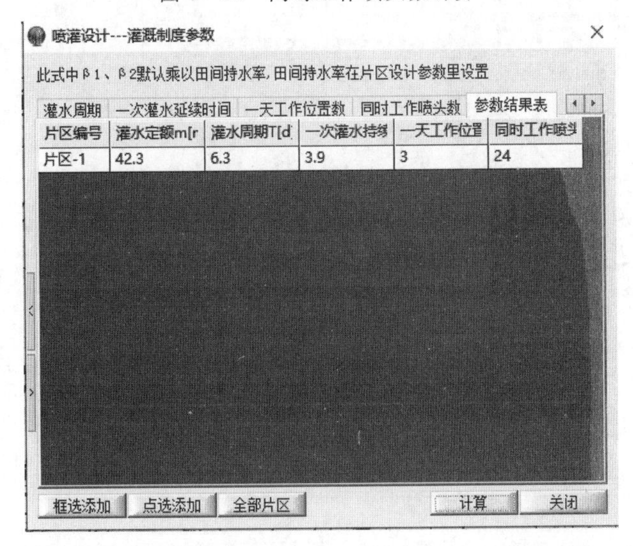

图 3-35　参数结果表

【步骤 11】 划分轮灌组并定义轮灌组。

（1）点击菜单“工程设计 \ 划分轮灌组 \ 逐个划分轮灌组”，用该界面中 CAD 命令栏的“绘制<1>”命令手动划分轮灌组，效果如图 3－36 所示。

划分轮灌组的方式有逐个划分、按轮灌个数划分、按轮灌队列划分和归并划分四种。本案例片区不规则，管网较多，为了提高工作效率，选取干管 5 作为典型干管，选用逐个划分轮灌组方式，通过手动绘制轮灌组区域，确定干管 5 的轮灌组分区。依据本案例的喷灌工作参数计算结果，将本案例干管 5 的分干管上的支管划分为 4 个轮灌组，轮灌组分区划分如图 3－37 所示，后续的流量计算等也依据轮灌组的划分和定义来进行。

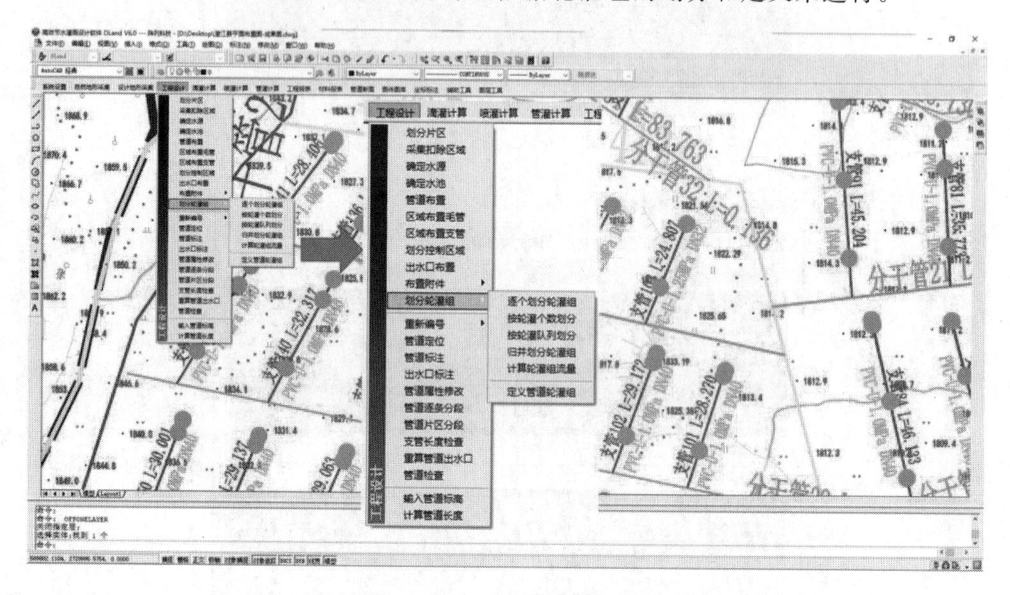

图 3－36　划分轮灌组效果图

图 3－37　干管 5 轮灌组分区图

（2）轮灌组分区划分完成后，仍需要精确定义管道轮灌组，以便于后续管道流量计算。点击菜单“工程设计\划分轮灌组\定义管道轮灌组”，进入“定义轮灌组”窗口，如图 3－38 所示。

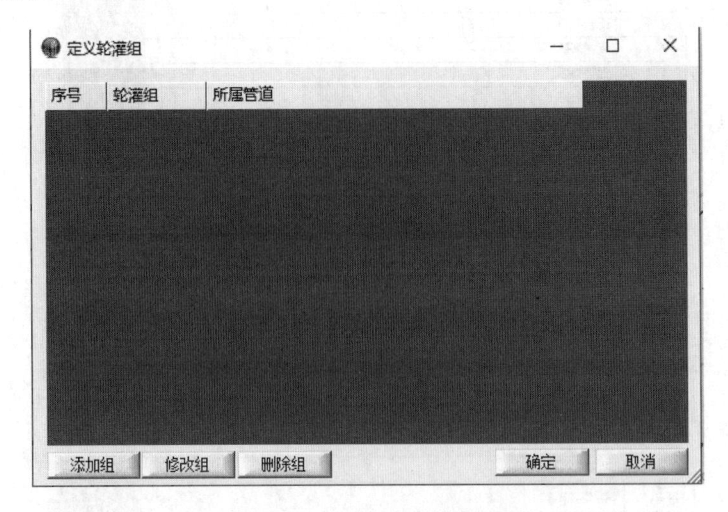

图 3－38　定义轮灌组

点击“添加组”，如图 3－39 所示。定义轮灌组有两种方式，第一种方式是选择区域，在 CAD 命令栏选择“3”，提取该区域中的支管，如图 3－40 所示，然后点击“确定”即可成功添加一个管道轮灌组。

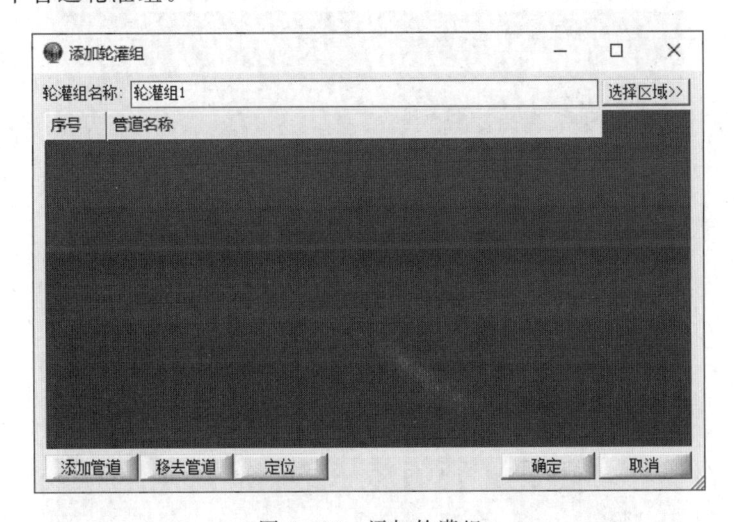

图 3－39　添加轮灌组

第二种方式是点击图 3－39 左下角的“添加管道”，即可根据实际项目要求添加选择轮灌组区域内的任意管道，作为这个轮灌组内包含的管道，如图 3－41 所示，然后点击确定即成功添加了一个管道轮灌组。

本案例干管 5 共划分了 4 个轮灌组，依据上述方法完成各轮灌组所属管道的精确划分，如图 3－42 所示，最后点击“确定”即可。

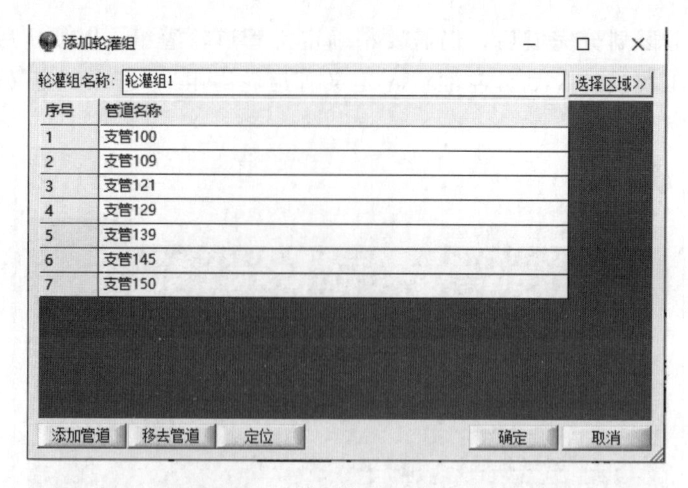

图 3-40　添加轮灌组选择区域

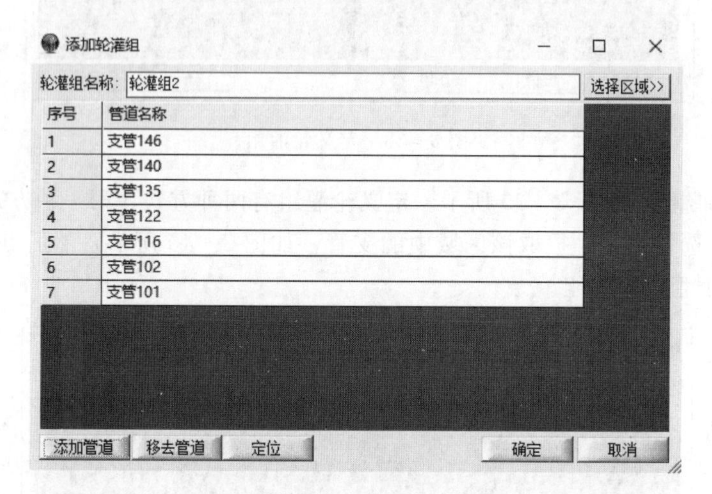

图 3-41　添加轮灌组添加管道

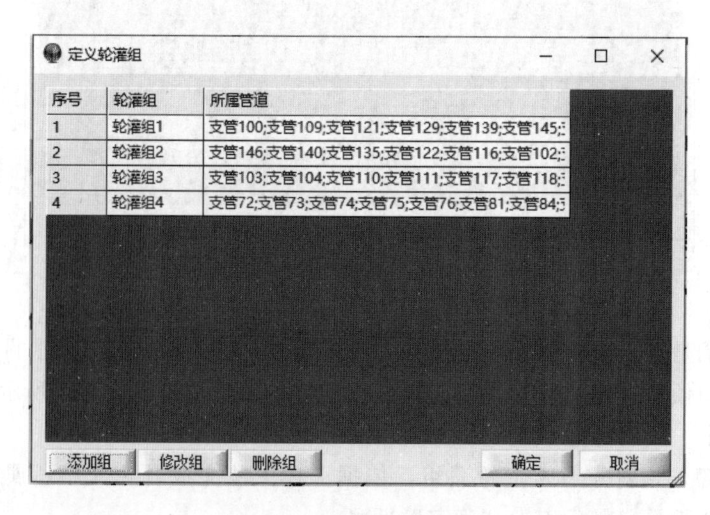

图 3-42　定义轮灌组完成

【步骤 12】 管网水力计算。

管网水力计算主要是根据前面设置的参数，对各级管道的流量、管径、水头损失依次进行计算并导出计算表格和计算公式。

（1）流量计算。选择菜单“喷灌计算\喷灌流量计算”，对片区管网内的支管、分干管、干管流量依次进行计算，如图 3－43～图 3－45 所示。

喷灌设计---支管流量计算

$$Q_{支} = Nq_d$$

式中：q_d---支管上出水口的平均流量，m³/h；
N---支管上出水口的数目，个；

支管编号	出水口流量[m^3/h]	出水口数据[个]	支管流量[m^3/h]
支管1	3.92	3	11.76
支管2	3.92	3	11.76
支管3	3.92	2	7.84
支管4	3.92	3	11.76
支管5	3.92	3	11.76
支管6	3.92	2	7.84
支管7	3.92	3	11.76
支管8	3.92	3	11.76
支管9	3.92	3	11.76
支管10	3.92	3	11.76
支管11	3.92	3	11.76

框选支管　片区支管　全部支管　计算流量　重算出水口　定位　关闭

图 3－43　支管流量计算

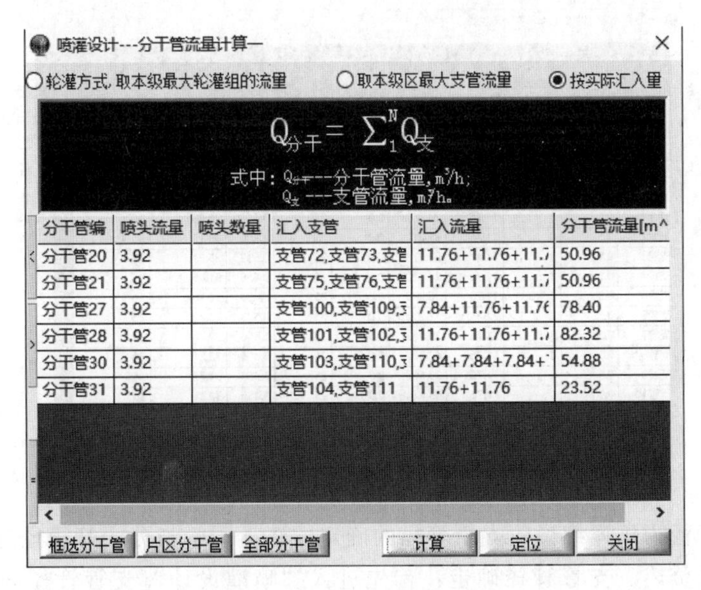
喷灌设计---分干管流量计算一

○轮灌方式,取本级最大轮灌组的流量　○取本级区最大支管流量　◉按实际汇入量

$$Q_{分干} = \sum_1^N Q_{支}$$

式中：$Q_{分干}$---分干管流量，m³/h；
$Q_{支}$---支管流量，m³/h。

分干管编	喷头流量	喷头数量	汇入支管	汇入流量	分干管流量[m^
分干管20	3.92		支管72,支管73,支管	11.76+11.76+11.7	50.96
分干管21	3.92		支管75,支管76,支管	11.76+11.76+11.7	50.96
分干管27	3.92		支管100,支管109,支	7.84+11.76+11.76	78.40
分干管28	3.92		支管101,支管102,支	11.76+11.76+11.7	82.32
分干管30	3.92		支管103,支管110,支	7.84+7.84+7.84+	54.88
分干管31	3.92		支管104,支管111	11.76+11.76	23.52

框选分干管　片区分干管　全部分干管　计算　定位　关闭

图 3－44　分干管流量计算

分干管流量计算有三种方式：第一种“轮灌方式取本级最大轮灌组的流量”这种情况前期先要划分轮灌组并定义；第二种“取本级区最大支管流量”，即这条分干管上面流量最大的一条支管作为这条分干管的流量；第三种“按实际汇入量”，指这条分干管所有汇入的支管流量汇总。依据本案例干管 5 下各轮灌组实际划分情况，其下属分干管流量选用第三种方式计算。

干管流量计算的方式同分干管流量计算类似，也涉及轮灌方式与非轮灌方式，这里采用轮灌方式计算干管流量。

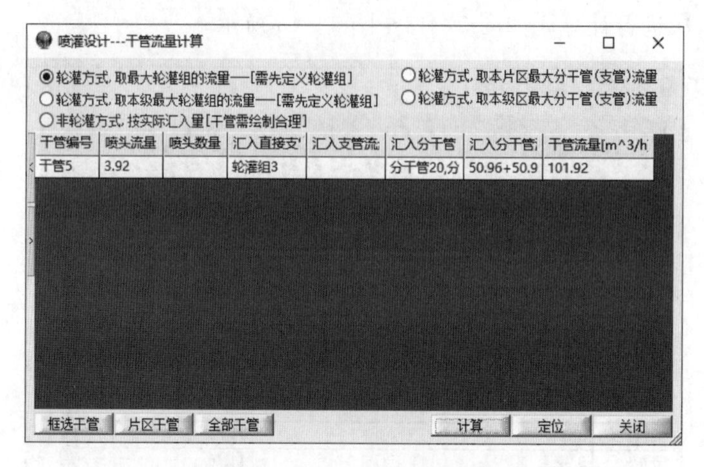

图 3-45　干管流量计算

(2) 管径确定。首先需选择菜单“喷灌计算\喷灌管径确定”，对片区管网内的支管、分干管、干管管径依次进行计算，再在相应界面中输入管材的 f、m 及 b 等相关参数，进行干管、支管等管径计算，如图 3-46～图 3-50 所示。

喷灌设计---支管管径确定 多口系数法

$$h_w+\Delta Z \leqq 0.2h_p \quad h_w=f\frac{Q^m}{d^b}LF \quad F=\frac{N\left(\frac{1}{m+1}+\frac{1}{2N}+\frac{\sqrt{m-1}}{6N^2}\right)-1+X}{N-1+X}$$

式中：h_w——水头损失，m；ΔZ——两喷头的进水口高程差，m；h_p——喷头设计工作压力水头，m；f——摩阻系数；m——流量指数；b——管径指数；N——喷头或孔口数；Q——流量，m³/h；L——管长，m；F——多口系数；X——首孔位置系统，即入口至首孔距离与喷头间距之比。

f: 0.505　m: 1.75　b: 4.75　fmb...　ΔZ: 0.0　hp: 25　X定值: 0.5　标注管径　选择管径...

支管编号	X	N[个]	Q[m^3/h	L[m]	ΔZ[m]	hp[m]	F	计算内径[mm	设计内径[mm
支管1	0.5	3	11.76	34.653	0.0	25	0.456	30.88	36
支管2	0.5	3	11.76	32.277	0.0	25	0.456	30.43	36
支管3	0.5	2	7.84	23.078	0.0	25	0.533	25.23	28
支管4	0.5	3	11.76	37.820	0.0	25	0.456	31.46	36
支管5	0.5	3	11.76	36.278	0.0	25	0.456	31.18	36
支管6	0.5	2	7.84	17.215	0.0	25	0.533	23.72	28
支管7	0.5	3	11.76	29.053	0.0	25	0.456	29.76	36
支管8	0.5	3	11.76	42.327	0.0	25	0.456	32.21	36
支管9	0.5	3	11.76	39.608	0.0	25	0.456	31.77	36
支管10	0.5	3	11.76	43.474	0.0	25	0.456	32.39	36
支管11	0.5	3	11.76	30.446	0.0	25	0.456	30.05	36

框选支管　片区支管　全部支管　计算　定位　关闭

图 3-46　支管管径计算

现以支管管径为例详细说明支管管径的确定方法，干管与分干管管径计算与支管基本相同，这里不再赘述。支管管径确定：首先进入“喷灌设计\支管管径确定”窗口（图 3-46）输入管材的 f、m 及 b 等相关参数，再选择此窗口左下角“片区支管”方框，选择片区支管，然后点击“计算”快速算出片区内管道的计算内径。设计内径的计算点击“选择管径”按钮，出现如图 3-51 所示界面。

设计内径的计算有两种方式：第一种是管径自动匹配，第二种是统设管径。左上角也

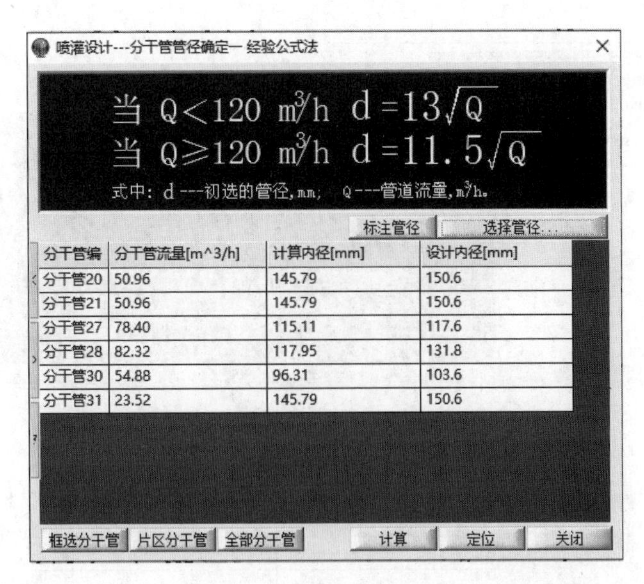

图 3-47　分干管管径计算

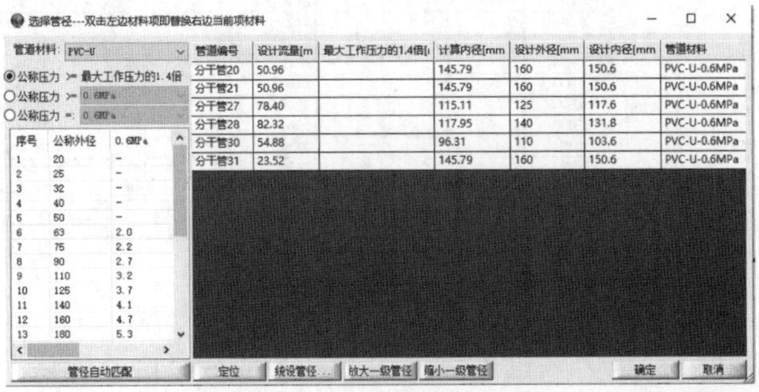

选择管径---双击左边材料项即替换右边当前项材料

管道材料：PVC-U

◉公称压力 >= 最大工作压力的1.4倍
○公称压力 >= 0.6MPa
○公称压力 =: 0.6MPa

序号	公称外径	0.6MPa
1	20	-
2	25	-
3	32	-
4	40	-
5	50	-
6	63	2.0
7	75	2.2
8	90	2.7
9	110	3.2
10	125	3.7
11	140	4.1
12	160	4.7
13	180	5.3

管道编号	设计流量[m	最大工作压力的1.4倍[	计算内径[mm	设计外径[mm	设计内径[mm	管道材料
分干管20	50.96		145.79	160	150.6	PVC-U-0.6MPa
分干管21	50.96		145.79	160	150.6	PVC-U-0.6MPa
分干管27	78.40		115.11	125	117.6	PVC-U-0.6MPa
分干管28	82.32		117.95	140	131.8	PVC-U-0.6MPa
分干管30	54.88		96.31	110	103.6	PVC-U-0.6MPa
分干管31	23.52		145.79	160	150.6	PVC-U-0.6MPa

管径自动匹配　定位　统设管径...　放大一级管径　缩小一级管径　确定　取消

图 3-48　分干管管径选择

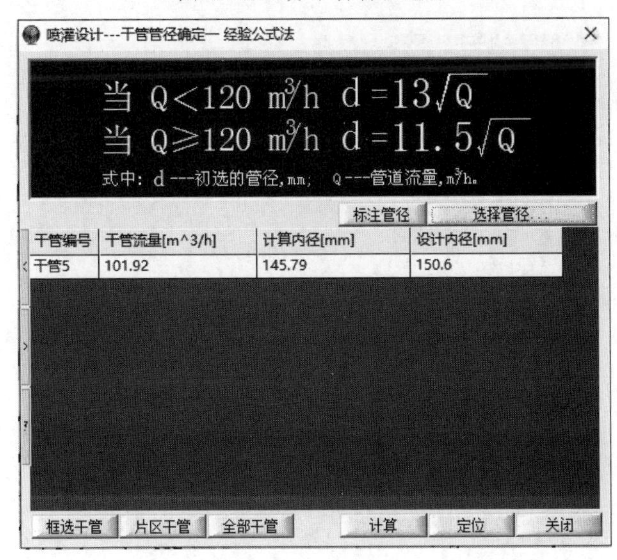

图 3-49　干管管径计算

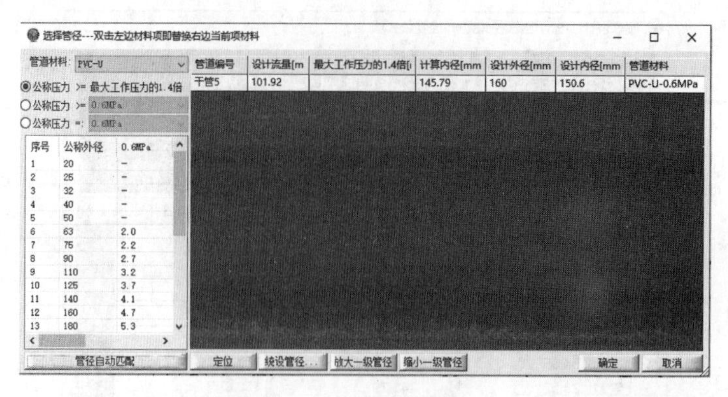

图 3-50　干管管径选择

管道编号	设计流量(m	最大工作压力的1.4倍(	计算内径(mm	设计外径(mm	设计内径(mm	管道材料
支管1	11.76		30.88	40	36	PVC-U-1.0MF
支管2	11.76		30.43	40	36	PVC-U-1.0MF
支管3	7.84		25.23	32	28	PVC-U-1.25M
支管4	11.76		31.46	40	36	PVC-U-1.0MF
支管5	11.76		31.18	40	36	PVC-U-1.0MF
支管6	7.84		23.72	32	28	PVC-U-1.25M
支管7	11.76		29.76	40	36	PVC-U-1.0MF
支管8	11.76		32.21	40	36	PVC-U-1.0MF
支管9	11.76		31.77	40	36	PVC-U-1.0MF
支管10	11.76		32.39	40	36	PVC-U-1.0MF
支管11	11.76		30.05	40	36	PVC-U-1.0MF
支管12	11.76		31.95	40	36	PVC-U-1.0MF
支管13	11.76		30.84	40	36	PVC-U-1.0MF
支管14	7.84		23.54	32	28	PVC-U-1.25M
支管15	15.68		37.21	50	46	PVC-U-0.8MF
支管16	11.76		31.11	40	36	PVC-U-1.0MF

图 3-51　支管管径选择

可以选择不同的材料和公称压力，也可点击图 3-46“支管管径确认”窗口中红色箭头所指的区域，导出支管管径确定的计算过程，如图 3-52 所示。

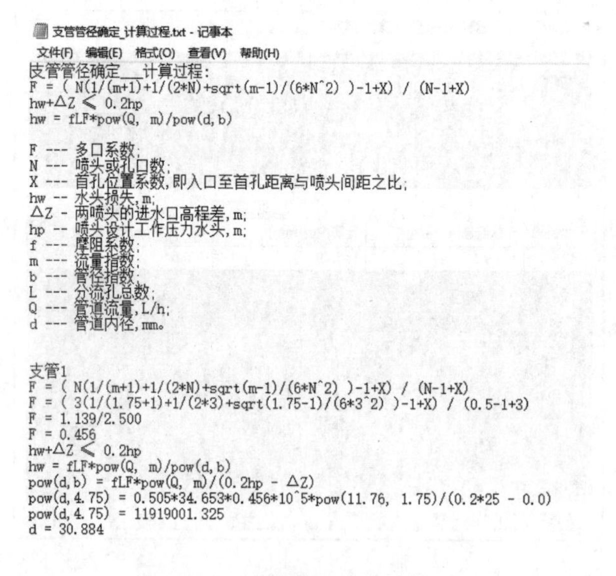
支管管径确定_计算过程.txt - 记事本

文件(F)　编辑(E)　格式(O)　查看(V)　帮助(H)

```
技管管径确定___计算过程:
F = ( N(1/(m+1)+1/(2*N)+sqrt(m-1)/(6*N^2) )-1+X) / (N-1+X)
hw+△Z ≤ 0.2hp
hw = fLF*pow(Q, m)/pow(d,b)

F --- 多口系数;
N --- 喷头或孔口数;
X --- 首孔位置系数,即入口至首孔距离与喷头间距之比;
hw -- 水头损失,m;
△Z - 两喷头的进水口高程差,m;
hp -- 喷头设计工作压力水头,m;
f --- 摩阻系数;
m --- 流量指数;
b --- 管径指数;
L --- 分流孔总数;
Q --- 管道流量,L/h;
d --- 管道内径,mm。


支管1
F = ( N(1/(m+1)+1/(2*N)+sqrt(m-1)/(6*N^2) )-1+X) / (N-1+X)
F = ( 3(1/(1.75+1)+1/(2*3)+sqrt(1.75-1)/(6*3^2) )-1+X) / (0.5-1+3)
F = 1.139/2.500
F = 0.456
hw+△Z ≤ 0.2hp
hw = fLF*pow(Q, m)/pow(d,b)
pow(d,b) = fLF*pow(Q, m)/(0.2hp - △Z)
pow(d,4.75) = 0.505*34.653*0.456*10^5*pow(11.76, 1.75)/(0.2*25 - 0.0)
pow(d,4.75) = 11919001.325
d = 30.884
```

图 3-52　支管管径确定计算过程

同时也可以在图上标注管径，标注对象和标注内容可以先设置好，如图 3-53 和图 3-54 所示。

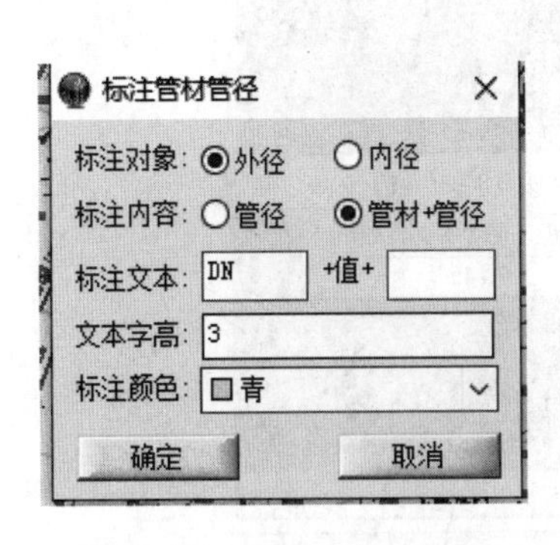

图 3-53　标注管材管径图

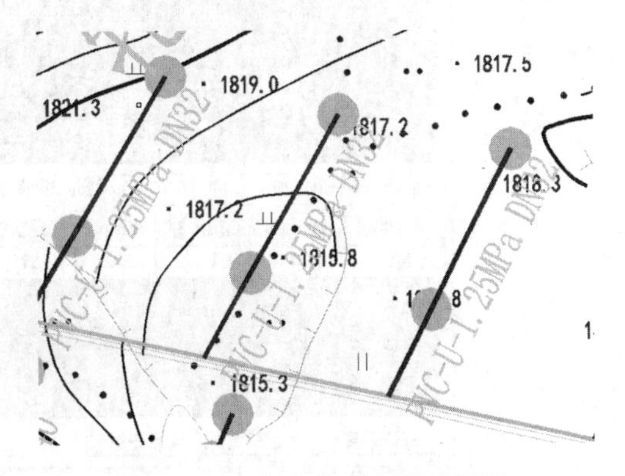

图 3-54　标注管材管径效果图

（3）水头损失。选择菜单“喷灌计算\支管、分干管、干管水头损失”，对片区管网内的支管、分干管、干管水头损失依次进行计算。选择片区内管道，直接点击“计算”就可以算出管道的沿程损失和局部损失，如图 3-55～图 3-57 所示。

喷灌设计---支管水头损失—

$$h_f=\frac{fLQ^m}{d^b}F\qquad F=\frac{N\left(\frac{1}{m+1}+\frac{1}{2N}+\frac{\sqrt{m-1}}{6N^2}\right)-1+X}{N-1+X}$$

式中：h_f ---沿程水头损失，m；
X ---首孔位置系数，即入口至首孔距离与喷头间距之比。
f ---摩阻系数；L ---管道长度，m；　N ---喷头或孔口数；
m ---流量指数；d ---管道内径，mm；　F ---多口系数；
b ---管径指数；Q ---管道流量，L/h。

f: 0.505　m: 1.75　b: 4.75　fmb...　局部水头损失按沿程水头损失的: 0.10　计算

支管编号	X	N	F	L[m]	Q[m^3	d[mm]	沿程损失[m]	局部损失[m]
支管1	0.500	3	0.456	34.653	11.76	36	2.414	0.241
支管2	0.500	3	0.456	32.277	11.76	36	2.249	0.225
支管3	0.639	2	0.573	23.078	7.84	28	3.279	0.328
支管4	0.500	3	0.456	37.820	11.76	36	2.635	0.264
支管5	0.500	3	0.456	36.278	11.76	36	2.527	0.253
支管6	1.096	2	0.666	17.215	7.84	28	2.843	0.284
支管7	0.500	3	0.456	29.053	11.76	36	2.024	0.202
支管8	0.500	3	0.456	42.327	11.76	36	2.949	0.295
支管9	0.500	3	0.456	39.608	11.76	36	2.759	0.276
支管10	0.500	3	0.456	43.474	11.76	36	3.029	0.303

框选支管　片区支管　全部支管　☑计算F值　计算　定位　关闭

图 3-55　支管水头损失计算

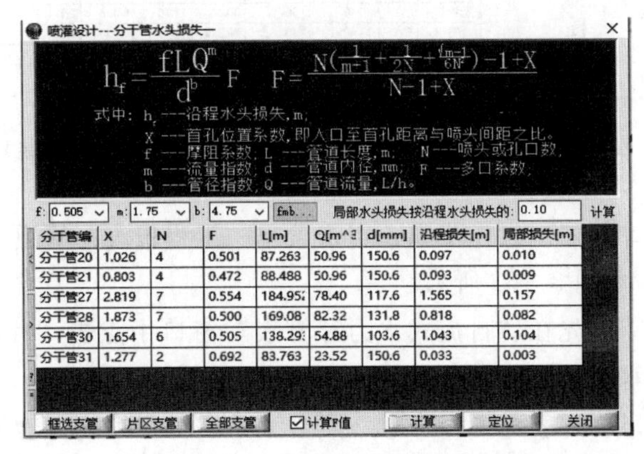

分干管编	X	N	F	L[m]	Q[m^3	d[mm]	沿程损失[m]	局部损失[m]
分干管20	1.026	4	0.501	87.263	50.96	150.6	0.097	0.010
分干管21	0.803	4	0.472	88.488	50.96	150.6	0.093	0.009
分干管27	2.819	7	0.554	184.95	78.40	117.6	1.565	0.157
分干管28	1.873	7	0.500	169.08	82.32	131.8	0.818	0.082
分干管30	1.654	6	0.505	138.29	54.88	103.6	1.043	0.104
分干管31	1.277	2	0.692	83.763	23.52	150.6	0.033	0.003

图 3-56　分干管水头损失计算

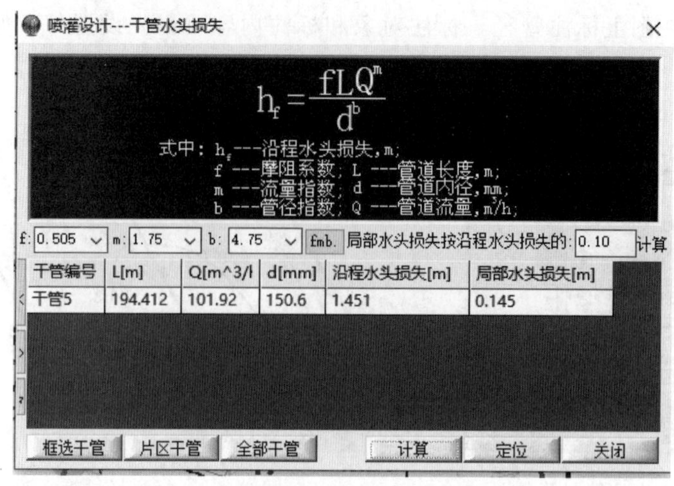

图 3-57 干管水头损失计算

【步骤 13】 报表导出。

报表导出包括工程报表导出和材料报表导出，节水灌溉设计软件的优势之一就是报表的导出。在做复杂的实际工程项目时，报表是不可或缺的重点内容，软件的导表功能可以大大减少设计人员的工作量，从而提高设计效率。

（1）水力计算表。操作步骤：点击菜单“工程报表＼水利计算表”，如图 3-58 和图 3-59 所示。

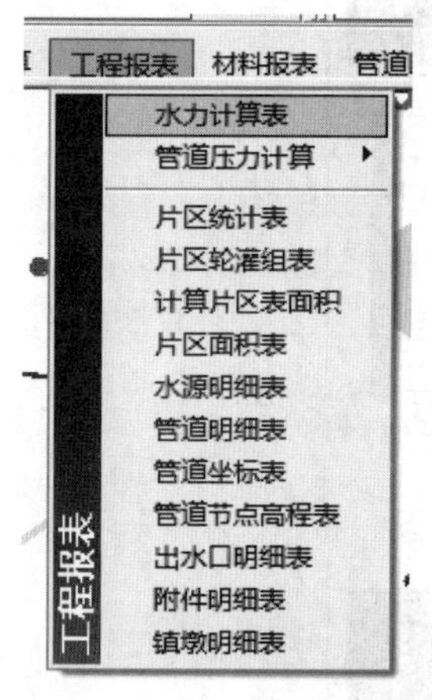

图 3-58 “水力计算表”菜单

水力计算结果表

选择类型：支管 字高：4 行数：20

管道编号	管材	外径(mm	内径(mm	长度(m)	流量	F	沿程水头损失(m)	局部水头损失(m)	总水头损失(m)
支管1	PVC-U-1	40	36	34.653	11.76	0.456	2.414	0.241	2.655
支管2	PVC-U-1	40	36	32.277	11.76	0.456	2.249	0.225	2.474
支管3	PVC-U-1	32	28	23.078	7.84	0.573	3.279	0.328	3.607
支管4	PVC-U-1	40	36	37.820	11.76	0.456	2.635	0.264	2.899
支管5	PVC-U-1	40	36	36.278	11.76	0.456	2.527	0.253	2.780
支管6	PVC-U-1	32	28	17.215	7.84	0.666	2.843	0.284	3.127
支管7	PVC-U-1	40	36	29.053	11.76	0.456	2.024	0.202	2.226
支管8	PVC-U-1	40	36	42.327	11.76	0.456	2.949	0.295	3.244
支管9	PVC-U-1	40	36	39.608	11.76	0.456	2.759	0.276	3.035
支管10	PVC-U-1	40	36	43.474	11.76	0.456	3.029	0.303	3.332
支管11	PVC-U-1	40	36	30.446	11.76	0.456	2.121	0.212	2.333
支管12	PVC-U-1	40	36	40.710	11.76	0.456	2.836	0.284	3.120
支管13	PVC-U-1	40	36	34.434	11.76	0.456	2.399	0.240	2.639
支管14	PVC-U-1	32	28	16.584	7.84	0.680	2.796	0.280	3.076

框选 片区 全部 绘表 导出到Excel 关闭

图 3-59 水力计算结果表

（2）自流式水力计算表。操作步骤：点击菜单“工程报表＼管道压力计算＼自流式水利计算”，如图 3-60 和图 3-61 所示。

自流式水力计算需要先在“自流式水力计算表”窗口中点击“片区水池提取”方框，当图上有多条干管和水池相连时，选择其中一条进行分析。

（3）自流式出水口压力表。操作步骤：点击菜单“工程报表＼管道压力计算＼自流式出水口压力表”，如图 3-62 和图 3-63 所示。

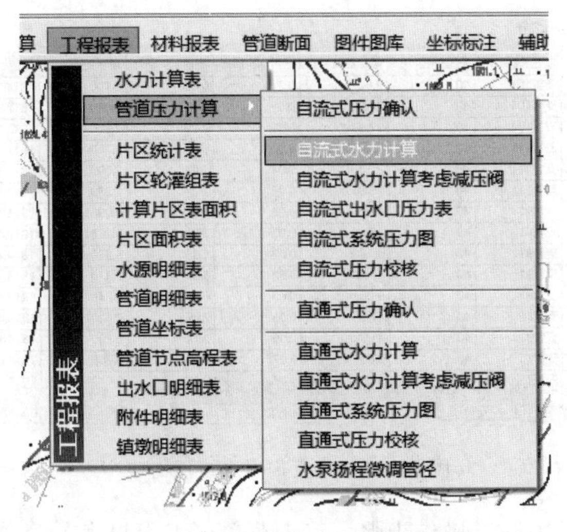

图 3-60 “自流式水力计算”菜单

自流式水力计算表

管道编号	长度(m)	管径(mm)	管材	流量	管交点桩号	管交点长度	干管水头损失	支管水
干管5	194.412	150.6	PVC-U-0.6l	101920.00			1.596	
分干管32	0.136		UPVC-0.8N	0.00	K0+101.698	101.698	0.83	0.000
分干管31	83.763	150.6	PVC-U-0.6l	23520.00	K0+101.698	101.698	0.83	0.036
支管104	27.330	36	PVC-U-1.0l	11760.00	K0+025.602	25.602	0.01	2.094
支管111	28.806	36	PVC-U-1.0l	11760.00	K0+045.653	45.653	0.02	2.208
分干管21	88.488	150.6	PVC-U-0.6l	50960.00	K0+138.302	138.302	1.14	0.102
支管91	45.204	36	PVC-U-1.0l	15680.00	K0+018.892	18.892	0.02	5.354
支管81	35.773	36	PVC-U-1.0l	11760.00	K0+042.406	42.406	0.05	2.741
支管75	34.881	36	PVC-U-1.0l	11760.00	K0+063.491	63.491	0.07	2.673
支管76	32.683	36	PVC-U-1.0l	11760.00	K0+082.524	82.524	0.10	2.505
分干管30	138.293	103.6	PVC-U-0.6l	54880.00	K0+149.744	149.744	1.23	1.147

选择片区水池提取　定位　调整管径...　字高: 4　行数: 20　绘表　寻出到Excel　关闭

图 3-61 自流式水力计算表

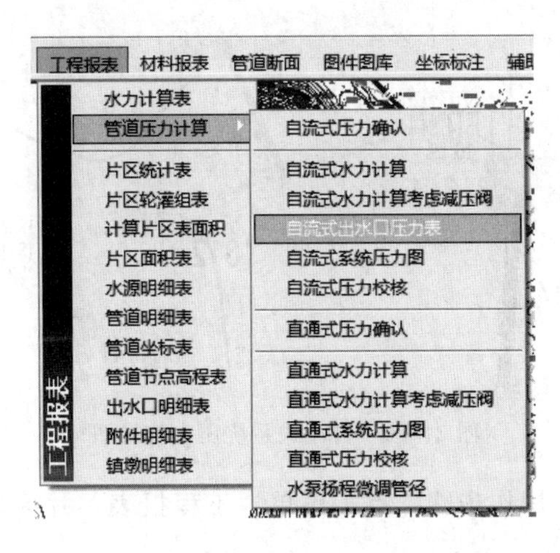

图 3-62 “自流式出水口压力表”菜单

自流式出水口压力表

出水口编号	所在管道	管道外径	起点距离	干管水头损失	支管水头损失	总水头损失	干管起点高程	支
支管104-01	支管104	40	9.00	0.01	0.69	0.700	1817.39	1
支管104-02	支管104	40	27.00	0.01	2.07	2.080	1817.39	1
支管104-03	支管104	40	27.33	0.01	2.09	2.100	1817.39	1
支管111-01	支管111	40	9.00	0.02	0.69	0.710	1817.39	1
支管111-02	支管111	40	27.00	0.02	2.07	2.090	1817.39	1
支管111-03	支管111	40	28.81	0.02	2.21	2.230	1817.39	1
支管91-01	支管91	40	9.00	0.02	1.07	1.090	1814.49	1
支管91-02	支管91	40	27.00	0.02	3.20	3.220	1814.49	1
支管91-03	支管91	40	45.00	0.02	5.33	5.350	1814.49	1
支管91-04	支管91	40	45.20	0.02	5.35	5.370	1814.49	1
支管81-01	支管81	40	9.00	0.05	0.69	0.740	1814.49	1
支管81-02	支管81	40	27.00	0.05	2.07	2.120	1814.49	1
支管81-03	支管81	40	35.77	0.05	2.74	2.790	1814.49	1
支管75-01	支管75	40	9.00	0.07	0.69	0.760	1814.49	1

选择片区水池提取　定位　字高：4　行数：20　绘表　导出到Excel　关闭

图 3-63　自流式出水口压力表

（4）自流式系统压力图。操作步骤：点击菜单“工程报表＼管道压力计算＼自流式出水口压力表”，如图 3-64～图 3-66 所示。

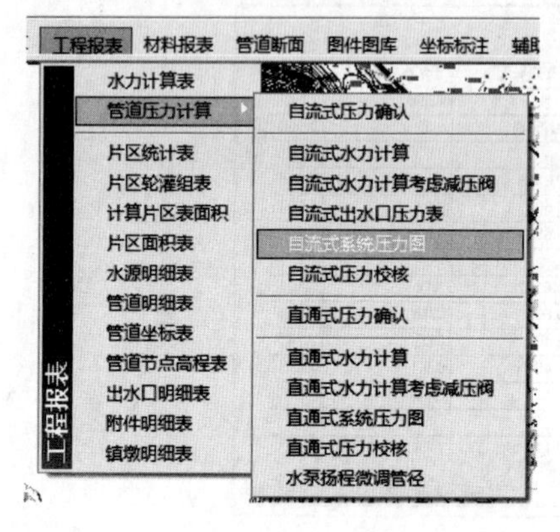

图 3-64　“自流式系统压力图”菜单

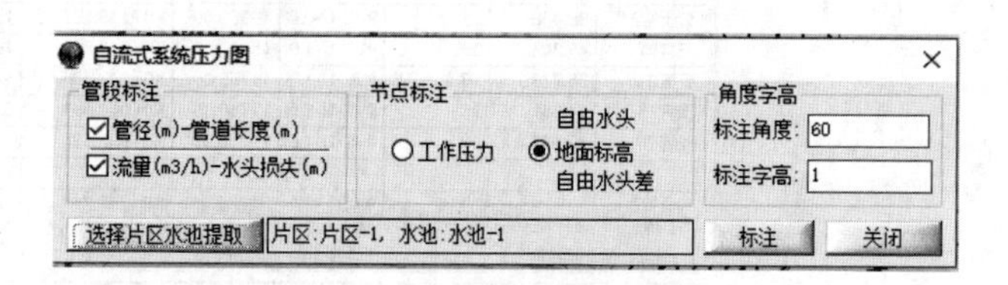

图 3-65　自流式系统压力图

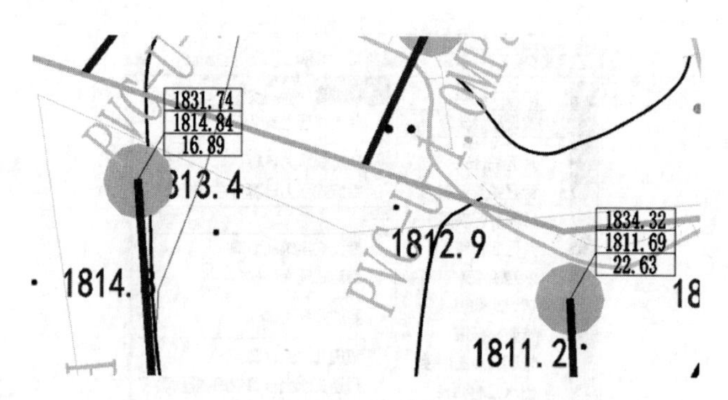

图 3-66　自流式系统压力效果图

（5）片区轮灌组表。操作步骤：点击菜单“工程报表＼片区轮灌组表”，如图 3-67 和图 3-68 所示。

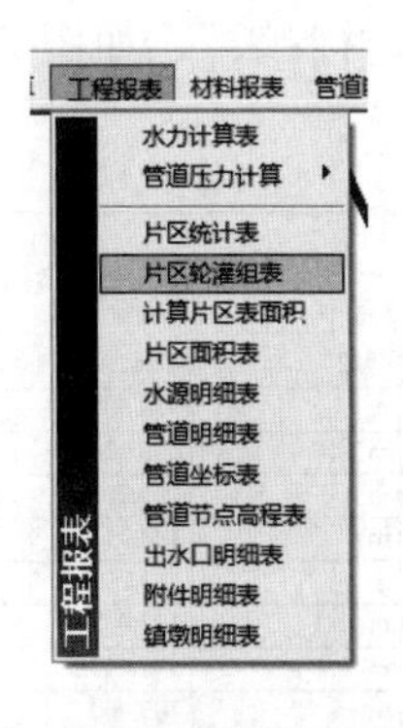

图 3-67 “片区轮灌组表”菜单

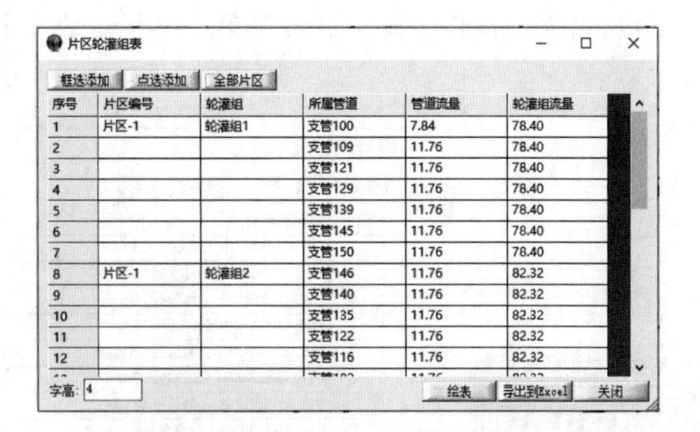

片区轮灌组表

框选添加 点选添加 全部片区

序号	片区编号	轮灌组	所属管道	管道流量	轮灌组流量
1	片区-1	轮灌组1	支管100	7.84	78.40
2			支管109	11.76	78.40
3			支管121	11.76	78.40
4			支管129	11.76	78.40
5			支管139	11.76	78.40
6			支管145	11.76	78.40
7			支管150	11.76	78.40
8	片区-1	轮灌组2	支管146	11.76	82.32
9			支管140	11.76	82.32
10			支管135	11.76	82.32
11			支管122	11.76	82.32
12			支管116	11.76	82.32

字高：4　绘表　导出到Excel　关闭

图 3-68 片区轮灌组表

（6）管道坐标表。操作步骤：点击菜单“工程报表＼管道坐标表”，如图 3-69 和图 3-70 所示。

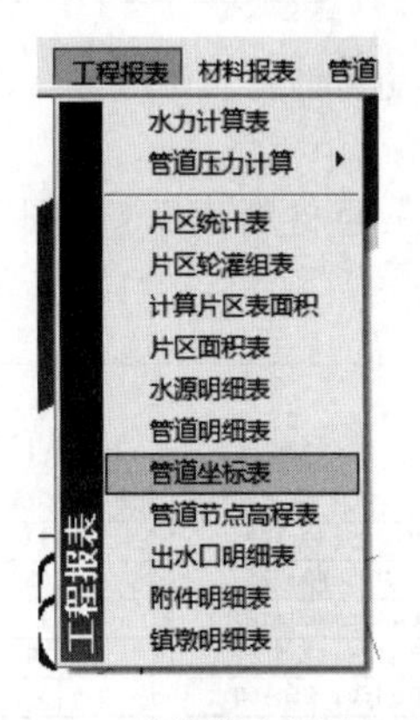

图 3-69 “管道坐标表”菜单

管道坐标表

序号	管道名称	点号	桩号	X	Y	平面转角
56		第7点	K0+192.357	590080.514	2729742.066	0°41′20″
57		第8点	K0+234.262	590054.353	2729709.330	18°56′38″
58		第9点	K0+264.815	590044.061	2729680.563	18°52′32″
59		第10点	K0+268.895	590041.518	2729677.373	-
60	干管4	第1点	K0+000	590025.866	2729894.737	-
61		第2点	K0+045.528	590068.758	2729910.003	89°25′42″
62		第3点	K0+099.415	590051.196	2729960.949	68°37′36″
63		第4点	K0+161.381	590098.391	2730001.104	-
64	干管5	第1点	K0+000	589829.605	2729989.318	-
65		第2点	K0+109.295	589938.110	2729976.206	67°47′18″
66		第3点	K0+194.412	589960.601	2729894.114	-
67	分干管1	第1点	K0+000	590043.302	2729679.610	-
68		第2点	K0+093.421	590118.871	2729624.685	-
69	分干管2	第1点	K0+000	590070.116	2729729.056	-
70		第2点	K0+087.168	590141.968	2729679.705	-
71	分干管3	第1点	K0+000	590095.386	2729760.225	-
72		第2点	K0+086.638	590166.802	2729711.175	-

字高：4　行数：20　XY对调　绘表　导出到Excel　关闭

图 3-70 管道坐标表

（7）出水口明细表。操作步骤：点击菜单“工程报表＼出水口明细表”，如图 3-71 和图 3-72 所示。

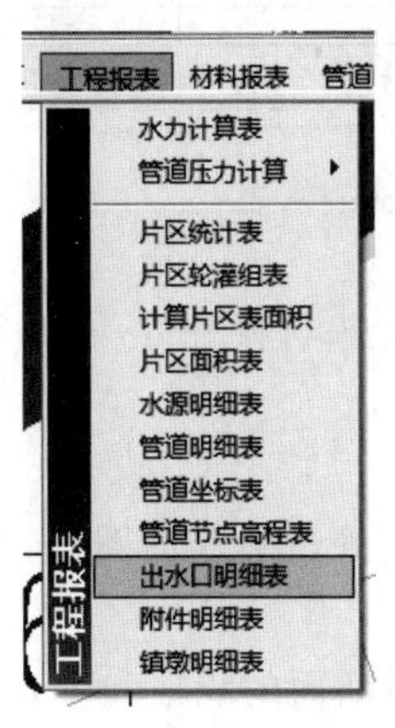

图 3-71 “出水口明细表”菜单

出水口明细表

序号	出水口编号	所在管道	管道外径	起点距离	X坐标	Y坐标
1	支管1-01	支管1	40	9.000	590200.941	2729948.301
2	支管1-02	支管1	40	27.000	590207.507	2729965.061
3	支管1-03	支管1	40	34.653	590210.298	2729972.186
4	支管2-01	支管2	40	9.000	590188.478	2729997.424
5	支管2-02	支管2	40	27.000	590196.163	2730013.700
6	支管2-03	支管2	40	32.277	590198.416	2730018.472
7	支管3-01	支管3	32	9.000	590179.278	2729923.579
8	支管3-02	支管3	32	23.078	590175.625	2729937.174
9	支管4-01	支管4	40	9.000	590182.330	2729954.592
10	支管4-02	支管4	40	27.000	590187.575	2729971.811
11	支管4-03	支管4	40	37.820	590190.727	2729982.162
12	支管5-01	支管5	40	9.000	590165.670	2730008.739
13	支管5-02	支管5	40	27.000	590175.335	2730023.924
14	支管5-03	支管5	40	36.278	590180.317	2730031.752
15	支管6-01	支管6	32	9.000	590177.444	2729901.819
16	支管6-02	支管6	32	17.215	590177.477	2729910.033
17	支管7-01	支管7	40	9.000	590161.991	2729725.341
18	支管7-02	支管7	40	27.000	590170.614	2729741.140

定位　字高：4　行数：20　绘表　导出到Excel　关闭

图 3-72 出水口明细表

（8）管道材料表。操作步骤：点击菜单“材料报表\管道材料表”，如图 3-73 和图 3-74 所示。

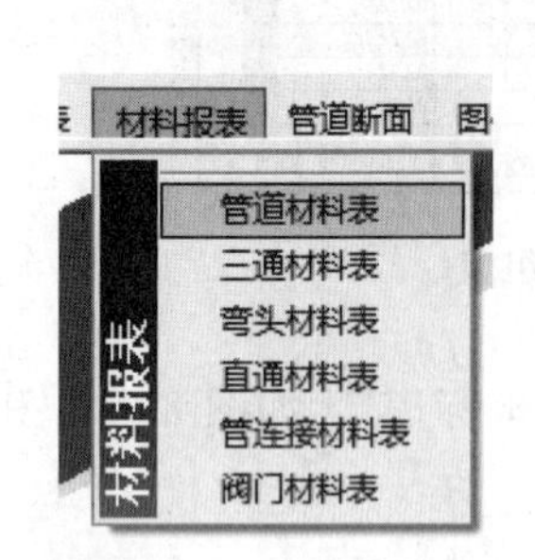

图 3-73　“管道材料表”菜单

管道材料表

选择类型：不限　字高：4　行数：20

序号	名称及规格	单位	数量
1	PVC-U-0.6MPa,公称直径63mm	m	382.581
2	PVC-U-0.6MPa,公称直径160mm	m	453.926
3	PVC-U-0.6MPa,公称直径140mm	m	169.081
4	PVC-U-0.6MPa,公称直径125mm	m	184.952
5	PVC-U-0.6MPa,公称直径110mm	m	138.293
6	PVC-U-0.8MPa,公称直径50mm	m	723.955
7	PVC-U-1.0MPa,公称直径40mm	m	3729.132
8	PVC-U-1.25MPa,公称直径32mm	m	785.963
9	UPVC-0.8Mpa 塑料管承插连接,公称直径125mm	m	4620.985

框选　片区　全部　绘表　导出到Excel　关闭

图 3-74　管道材料表

（9）三通材料表。操作步骤：点击菜单“材料报表\三通材料表”，如图 3-75 和图 3-76 所示。

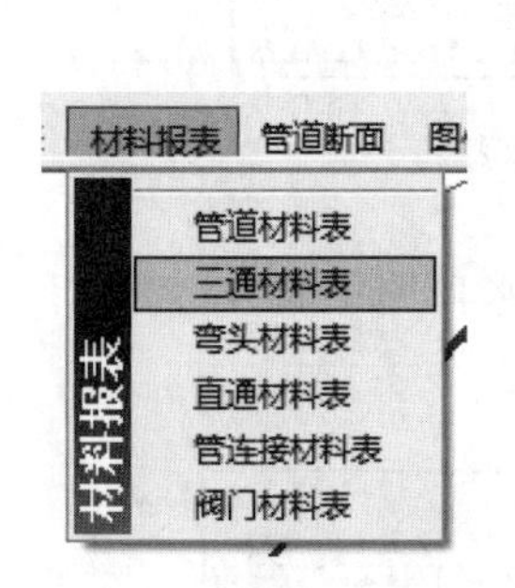

图 3-75　“三通材料表”菜单

三通材料表

三通具体情况...　字高：4　行数：20

序号	类型	名称及规格	单位	数量
1	异径三通	异径三通PVC-U,1.0MPa,热熔接,φ125φ50φ125	个	13
2	异径三通	异径三通PVC-U,1.0MPa,热熔接,φ125φ40φ125	个	85
3	异径三通	异径三通PVC-U,1.0MPa,热熔接,φ125φ160φ125	个	1
4	异径三通	异径三通PVC-U,1.0MPa,热熔接,φ125φ32φ125	个	29
5	异径三通	异径三通PVC-U,1.0MPa,热熔接,φ160φ125φ160	个	3
6	异径三通	异径三通PVC-U,1.0MPa,热熔接,φ160φ140φ160	个	1
7	异径三通	异径三通PVC-U,1.0MPa,热熔接,φ160φ110φ160	个	1
8	异径三通	异径三通PVC-U,1.0MPa,热熔接,φ125φ63φ125	个	4
9	异径三通	异径三通PVC-U,1.0MPa,热熔接,φ160φ40φ160	个	10
10	异径三通	异径三通PVC-U,1.0MPa,热熔接,φ140φ40φ140	个	7
11	异径三通	异径三通PVC-U,1.0MPa,热熔接,φ110φ32φ110	个	4
12	异径三通	异径三通PVC-U,1.0MPa,热熔接,φ110φ40φ110	个	2
13	正三通	正三通PVC-U,1.0MPa,热熔接,φ125	个	18
14	正三通	斜三通PVC-U,1.0MPa,热熔接,φ125	个	6

框选　片区　全部　绘表　导出到Excel　关闭

图 3-76　三通材料表

（10）弯头材料表。操作步骤：点击菜单“材料报表\弯头材料表”，如图 3-77 和图 3-78 所示。

【步骤 14】 管道纵横断面出图。

（1）管道纵断面图。操作步骤：点击菜单“管道断面\管道纵断面图”。如图 3-79 所示。

在选择管道之前，可以在 CAD 命令栏输入“S”设置纵断面的线性和样式，如图框、表格宽度、字高等，如图 3-80 和图 3-81 所示。然后选择管道，弹出绘制管道纵断面图对话框，如图 3-82 所示，根据实际项目要求设置管底高程与原地面的高差、回填线高程与管

图 3-77 “弯头材料表”菜单

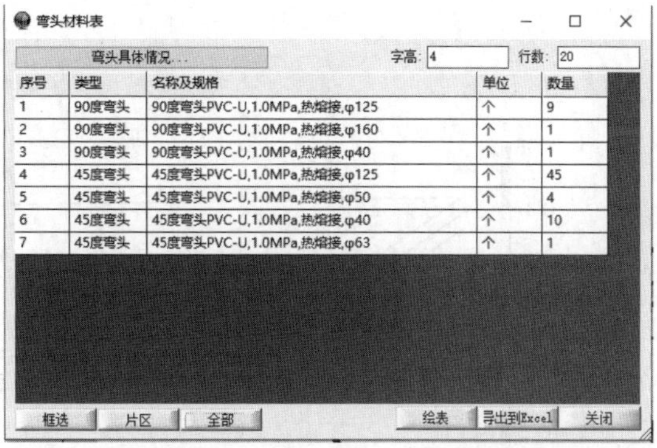

弯头材料表

弯头具体情况... 字高：4 行数：20

序号	类型	名称及规格	单位	数量
1	90度弯头	90度弯头PVC-U,1.0MPa,热熔接,φ125	个	9
2	90度弯头	90度弯头PVC-U,1.0MPa,热熔接,φ160	个	1
3	90度弯头	90度弯头PVC-U,1.0MPa,热熔接,φ40	个	1
4	45度弯头	45度弯头PVC-U,1.0MPa,热熔接,φ125	个	45
5	45度弯头	45度弯头PVC-U,1.0MPa,热熔接,φ50	个	4
6	45度弯头	45度弯头PVC-U,1.0MPa,热熔接,φ40	个	10
7	45度弯头	45度弯头PVC-U,1.0MPa,热熔接,φ63	个	1

框选 片区 全部 绘表 导出到Excel 关闭

图 3-78 弯头材料表

底的高差。这里是以图上干管 5 为例，桩号就是干管的各个节点，该界面中如比降、水平角度、沿程附件等，如需在纵断面上体现，勾选即可，最终绘制的管道纵断面图如图 3-83 所示。

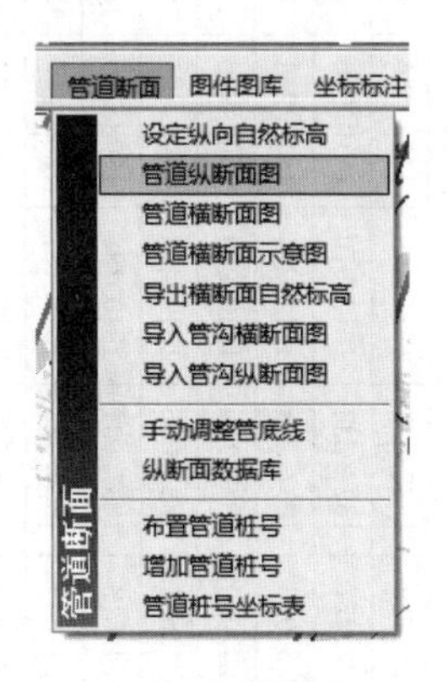

图 3-79 “管道纵断面图”菜单

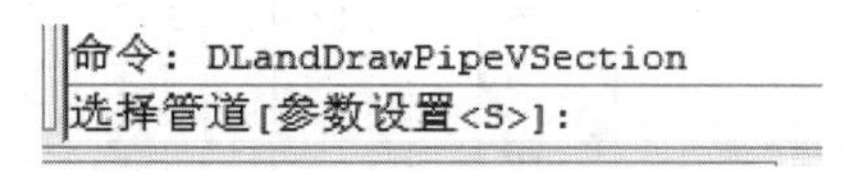

图 3-80 管道纵断面参数设置

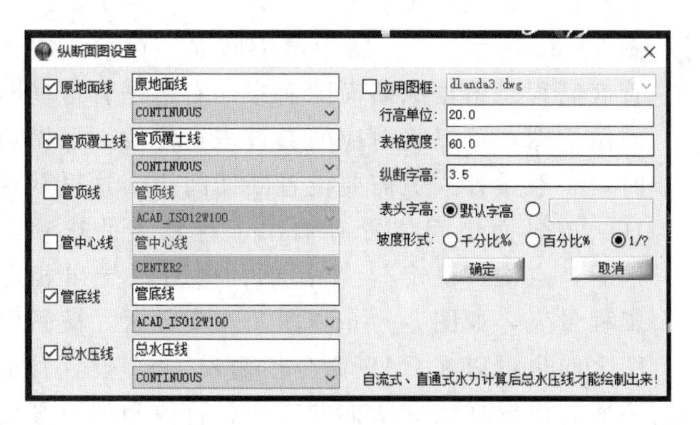

图 3-81 管道纵断面图设置

图 3-82 “绘制管道纵断面图”对话框

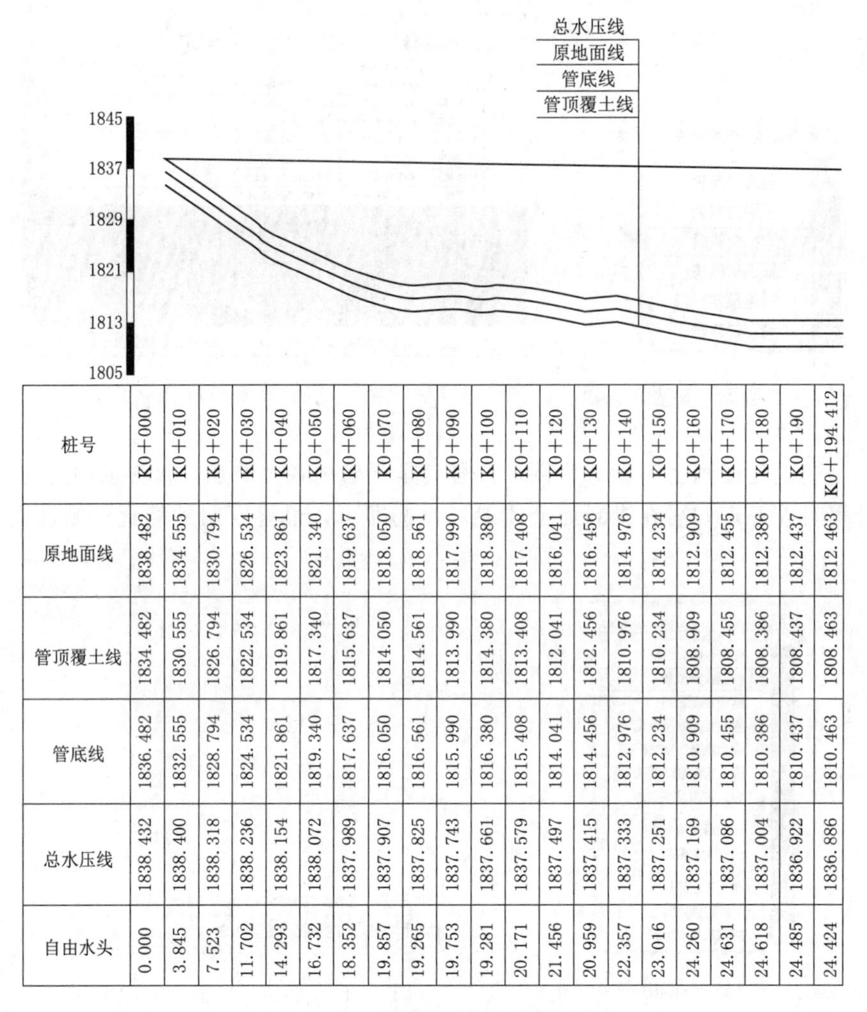

桩号	K0+000	K0+010	K0+020	K0+030	K0+040	K0+050	K0+060	K0+070	K0+080	K0+090
原地面线	1838.482	1834.555	1830.794	1826.534	1823.861	1821.340	1819.637	1818.050	1818.561	1817.990
管顶覆土线	1834.482	1830.555	1826.794	1822.534	1819.861	1817.340	1815.637	1814.050	1814.561	1813.990
管底线	1836.482	1832.555	1828.794	1824.534	1821.861	1819.340	1817.637	1816.050	1816.561	1815.990
总水压线	1838.432	1838.400	1838.318	1838.236	1838.154	1838.072	1837.989	1837.907	1837.825	1837.743
自由水头	0.000	3.845	7.523	11.702	14.293	16.732	18.352	19.857	19.265	19.753

桩号	K0+100	K0+110	K0+120	K0+130	K0+140	K0+150	K0+160	K0+170	K0+180	K0+190	K0+194.412
原地面线	1818.380	1817.408	1816.041	1816.456	1814.976	1814.234	1812.909	1812.455	1812.386	1812.437	1812.463
管顶覆土线	1814.380	1813.408	1812.041	1812.456	1810.976	1810.234	1808.909	1808.455	1808.386	1808.437	1808.463
管底线	1816.380	1815.408	1814.041	1814.456	1812.976	1812.234	1810.909	1810.455	1810.386	1810.437	1810.463
总水压线	1837.661	1837.579	1837.497	1837.415	1837.333	1837.251	1837.169	1837.086	1837.004	1836.922	1836.886
自由水头	19.281	20.171	21.456	20.959	22.357	23.016	24.260	24.631	24.618	24.485	24.424

图 3-83　管道纵断面图效果图

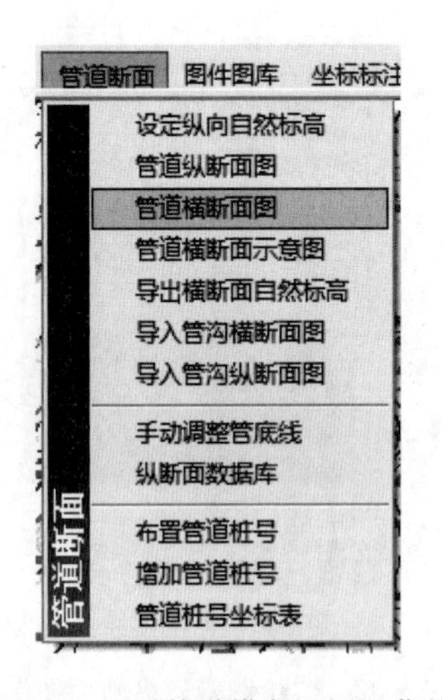

图 3-84　“管道横断面图”菜单

（2）管道横断面图。操作步骤“点击菜单＼管道断面＼管道横断面图”。如图 3-84 所示，进入图 3-85 所示。“绘制管道横断面”窗口，左边的管底高程是根据纵断面图而来，右边是管道横断面的示例图，可以将对应的参数进行修改。在做项目时，一般设计人员需要设置断面间距，这里默认是 10。该界面中间位置有输出工程量表的选项，勾选后，点击“确定”，出图的同时可以导出相应的工程量表，如图 3-86 和图 3-87 所示。横断面出图之前也可以在 CAD 命令栏输入“S”设置管道横断面的出图样式。图框的应用、行数和列数等设置如图 3-88 和 3-89 所示。

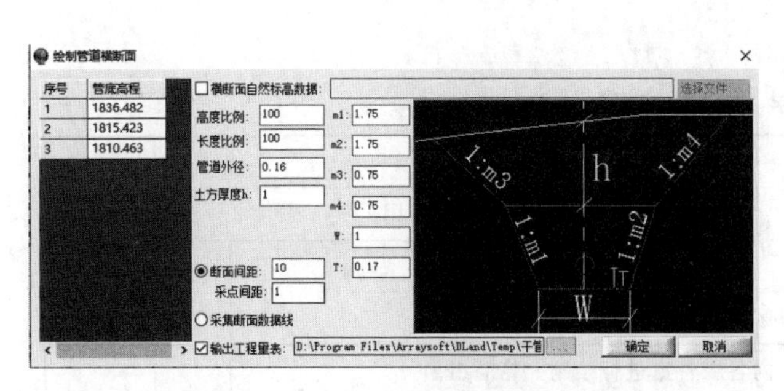

图 3-85　绘制管道横断面

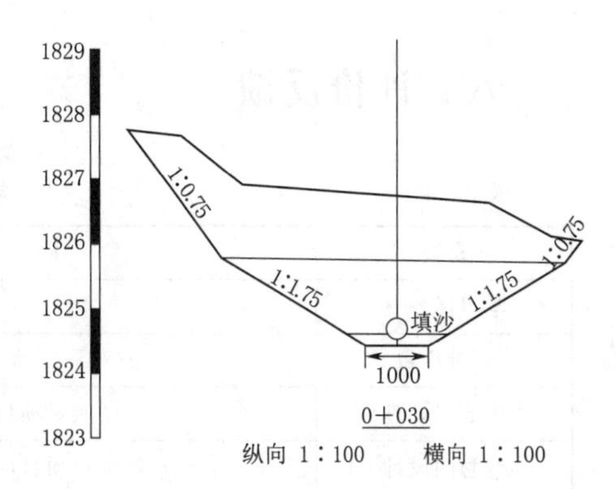

图 3-86　管道横断面效果图

干管4工程量表.txt - 记事本

文件(F) 编辑(E) 格式(O) 查看(V) 帮助(H)

桩号	断面间距	挖土面积	挖石面积	填方面积	填沙面积	挖土量	挖石量	填方量	填沙量
K0+000	5.00	2.71	0.00	2.67	0.00	13.55	0.00	13.35	0.00
K0+010	10.00	2.86	0.00	3.02	0.00	28.64	0.00	30.16	0.00
K0+020	10.00	2.72	0.00	2.79	0.00	27.21	0.00	27.86	0.00
K0+030	10.00	2.71	0.00	2.74	0.00	27.07	0.00	27.38	0.00
K0+040	10.00	2.92	0.00	2.97	0.00	29.18	0.00	29.74	0.00
K0+050	10.00	3.37	0.00	3.34	0.00	33.71	0.00	33.43	0.00
K0+060	10.00	3.07	0.00	3.08	0.00	30.74	0.00	30.81	0.00
K0+070	10.00	2.60	0.00	2.52	0.00	26.00	0.00	25.21	0.00
K0+080	10.00	2.73	0.00	2.77	0.00	27.26	0.00	27.70	0.00
K0+090	10.00	2.13	0.00	2.14	0.00	21.28	0.00	21.39	0.00
K0+100	10.00	2.03	0.00	2.00	0.00	20.28	0.00	19.96	0.00
K0+110	10.00	2.66	0.00	2.75	0.00	26.64	0.00	27.50	0.00
K0+120	10.00	2.80	0.00	2.74	0.00	27.96	0.00	27.42	0.00
K0+130	10.00	3.14	0.00	3.08	0.00	31.36	0.00	30.80	0.00
K0+140	10.00	2.37	0.00	2.35	0.00	23.74	0.00	23.51	0.00
K0+150	10.00	2.69	0.00	2.69	0.00	26.94	0.00	26.90	0.00
K0+160	5.69	4.30	0.00	4.23	0.00	24.46	0.00	24.06	0.00
K0+161.381	0.69	4.12	0.00	4.03	0.00	2.84	0.00	2.78	0.00
合计:		51.93	0.00	51.91	0.00	448.86	0.00	449.96	0.00

图 3-87　管道横断面工程量表

模型 Layout1

选择管道:

指定绘制点[设置断面图<S>]:

图 3-88　管道横断面图参数设置

断面图绘制参数

应用A3图框: dlanda3.dwg

绘制标尺

标尺绘制余高: 3

标尺偏离距离: -5

图幅几行: 5 —>多行设置时为一列

字高: 3.5　确认行列数

行距: 40　行数: 3

列距: 60　列数: 3

确定　取消

图 3-89　管道横断面图参数设置

八、评价反馈

表 3－4　　学 生 自 评 表

班级		姓名		学号	
学习任务三	高效节水灌溉设计软件 V6.0 应用				
评价项目	评价标准			分值	得分
①数据处理	对项目区自然数据能熟练采集处理			10	
②管网设计	熟练对项目区内各级管道进行绘制，轮灌组划分			30	
③水利计算	准确地计算各级管道的流量、管径、水头损失			30	
④报表汇总	能快速汇总各级管道的工程报表以及材料报表			20	
⑤管道出图	能熟练绘制管道纵横断面图			10	
	合计			100	

表 3－5　　教 师 评 价 表

班级		姓名		学号	
学习任务三	高效节水灌溉设计软件 V6.0 应用				
评价项目	评价标准			分值	得分
①平时表现	出勤、课堂表现			40	
②成果评价	生成管道横纵断面图及相关报表			30	
③小组表现	团队合作完成任务			30	
	合计			100	

九、相关知识

（一）高效节水灌溉设计软件 V6.0 简介

《中共中央 国务院关于抓好“三农”领域重点工作 确保如期实现全面小康的意见》（2020 年中央一号文件）明确指出加强现代农业设施建设。如期完成大中型灌区续建配套与节水改造，提高防汛抗旱能力，加大农业节水力度。随着国家对节水灌溉行业的支持以及用水户节水意识的增强，极大地促进了节水灌溉技术的进步和节水灌溉行业的发展。“十三五”期间，节水灌溉面积从 4.7 亿亩增长到 5.7 亿亩，农田灌溉水有效利用系数提高到 0.53 以上。节水灌溉行业拥有广阔的市场与发展空间。

高效节水灌溉行业已经成为农业建设发展的重要方向，特别是在“十三五”期间，高效节水灌溉项目建设已经成为了每年硬性的要求。在这样巨大的需求与前景之下，国内外高效节水灌溉相关的软件却处于极度匮乏状态，在节水灌溉的项目设计上，一线设计人员基本上都使用 AutoCAD 制图软件设计绘图，并通过 Excel 表格进行相关数据计算，设计过程繁琐，计算过程复杂，项目整体费时费力。杭州阵列科技股份有限公司多年来从事节

水灌溉工程设计专业软件的开发，通过结合本行业高校教师与科研设计单位专家的建议，依据不同灌溉模式下的整体流程、计算原理、出图样式、出表方式等，通过不断开发整合，研发了高效节水灌溉设计软件 DLand。该软件基于 AutoCAD 2004～2020 平台开发，融合节水灌溉设计模式下的功能结构，剔除冗余的计算步骤及重复的出图出表统计，使软件更加完整与协调。DLand 是一款功能涵盖滴灌、喷灌、管灌的全面的工程设计软件，并得到了相关企事业单位的高度认可。

高效节水灌溉设计软件 V6.0 包含系统设置、自然地形采集、设计地形采集、工程设计、滴灌计算、喷灌计算、管灌计算、工程报表、坐标标注、辅助工具和图层工具等 11 个功能模块，可以满足设计人员高效完成节水灌溉工程设计任务。软件功能模块框架如图 3－90 所示。

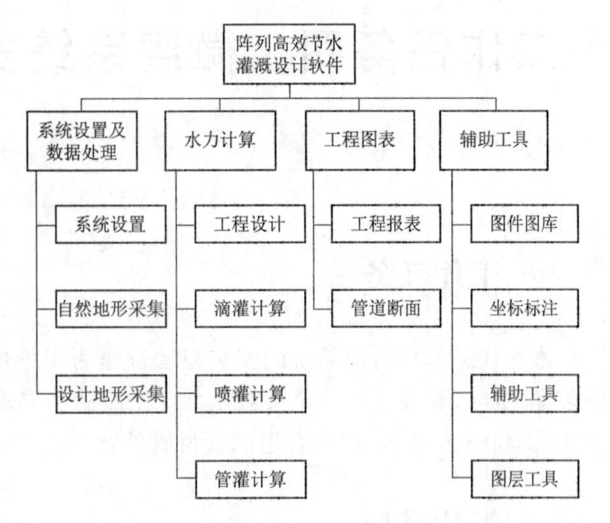

图 3－90　软件在设计中的应用顺序框架图

（二）喷灌相关设计理论

详见工作任务一相关知识部分。

工作任务四　微灌系统安装与运行

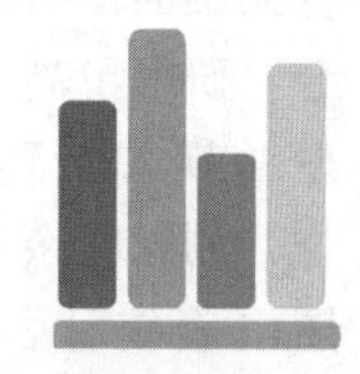

一、工作任务

本次任务选取微灌系统的安装与运行作为实操内容，任务分为系统组装、放水冲洗、安装灌水器、轮灌工作、结束放水共5个步骤。要求各小组完成系统的读图识图（见后文图4-1和图4-2），选取合适的管材管件及配套工具，进行系统的安装与运行。

二、工作目标

（1）能根据任务书要求完成识图与系统安装。
（2）能根据任务书及图纸正确选择所需仪器设备与材料，并统计数量。
（3）能根据任务书及图纸正确安装仪器设备，规范使用配套工具。
（4）能够对实操过程中出现的问题及时检修处理。
（5）能够严格按照评分标准在规定时间内进行操作。
（6）实操过程中要文明规范，结束后养成整理仪器、工具、场地的劳动习惯。
（7）秉承科学严谨、精益求精、诚实协作、积极创新的工作态度。

三、任务分组

按照表4-1填写学生任务分组表。

表4-1　　学生任务分组表

班级		组号		指导教师	
组长		学号			
组员					
任务分工					

四、引导问题

引导问题 1：微灌系统安装依据了哪些规范？

引导问题 2：微灌系统安装需要哪些仪器设备？

引导问题 3：安装仪器设备时需要注意哪些问题？

引导问题 4：筛网过滤器与叠片过滤器安装时有何区别？

引导问题 5：压力表量程范围如何选取？压力表应安装在什么位置？

引导问题 6：系统安装完毕时所有阀门应处于什么状态？

引导问题 7：管道冲洗前要进行哪些检查？

引导问题 8：系统运行过程中电磁阀发生震动该如何解决？

引导问题 9：系统结束运行后要进行哪些操作？

五、工作计划

表 4-2　　　　工 作 方 案

工 作 步 骤	工 作 内 容	负 责 人
1		
2		
3		
4		
5		
6		
7		
8		

表 4 - 3　　仪器设备清单

序号	仪器设备名称	规格型号	单位	数量	备注
1					
2					
3					
4					
5					
6					
7					
8					

表 4 - 4　　配套工具清单

序号	配套工具名称	规格型号	单位	数量	备注
1					
2					
3					
4					
5					
6					
7					
8					

六、进度决策

表 4 - 5　　工作进度安排

工作任务	工作时间安排	
	上　午	下　午
微灌系统组装（根据任务书完成读图识图，并正确选择设备与材料）	√	
微灌系统试水与运行		√

各小组需在规定时间内完成以下操作内容：

（1）微灌系统识图。根据任务书给出的系统安装示意图，完成识图内容。

（2）首部系统设备选型与安装。包括控制阀门、过滤器、施肥器和量测保护设备等的安装。

（3）田间管路灌溉系统选型与安装。包括管材、管件和灌水器的选择与安装，以及控制器的安装与参数设置。

（4）设备整体调试运行。包括整个微灌系统的冲洗、试运行和系统运行维护。

（5）职业素养。包括工作台面清理和工具使用是否得当。

七、工作实施

1. 首部枢纽安装

首部枢纽安装分为A区、B区、C区，如图4-1所示。

（1）A区设备包括：柔性接头、逆止阀、电磁阀、离心式过滤器、施肥装置（文丘里施肥器或比例施肥泵）、排气阀、压力表、设备支架及配套管道管件等。

（2）B区设备包括：压力表、网式过滤器（或叠片过滤器）、球阀、设备支架及配套PVC-U管件等。

（3）C区设备包括：水表、压力调节器、轮灌控制球阀、设备支架及配套PVC-U管件等。

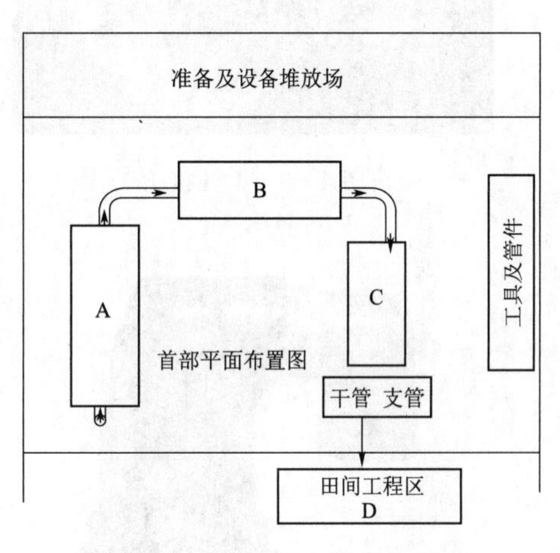

图4-1 首部枢纽安装示意图

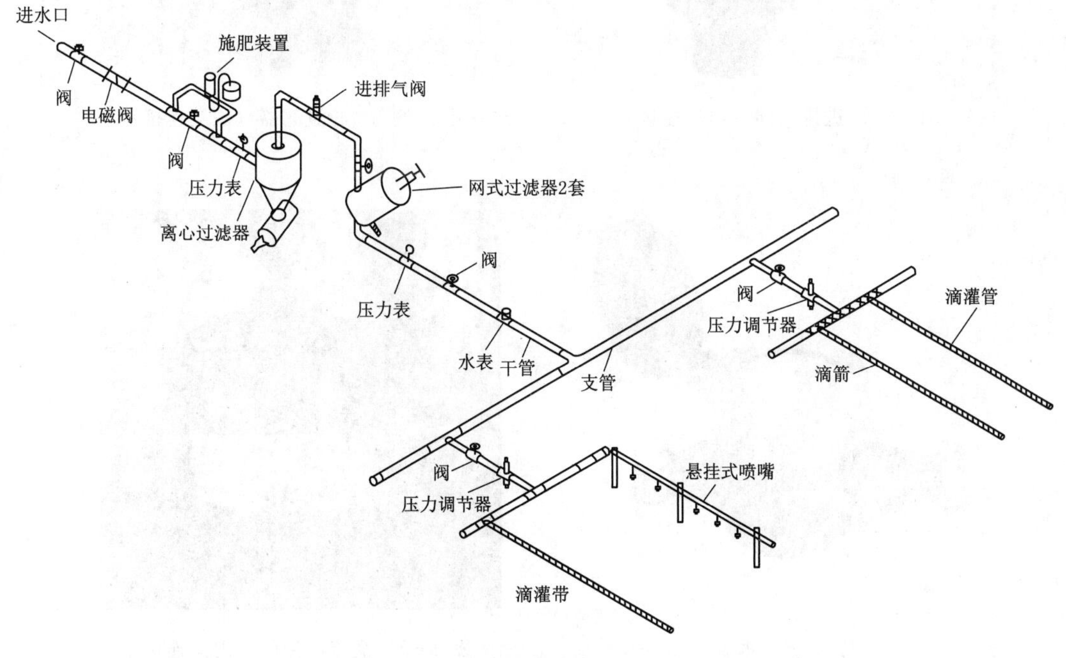

图4-2 微灌系统安装参考示意图

2. 主要设备示意图

主要设备如图 4.3～4.14 所示。

图 4－3　柔性接头

图 4－4　逆止阀（法兰连接）

图 4－5　进排气阀（内丝连接）

图 4－6　离心过滤器（法兰连接）

图 4－7　水表

图 4－8　交流电磁阀（内丝连接）

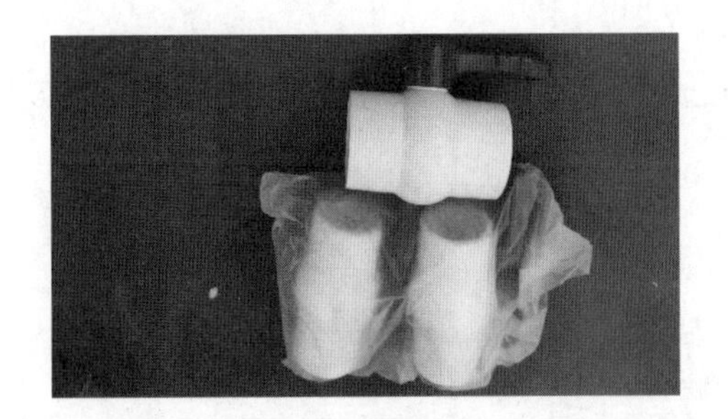

图 4-9　球阀

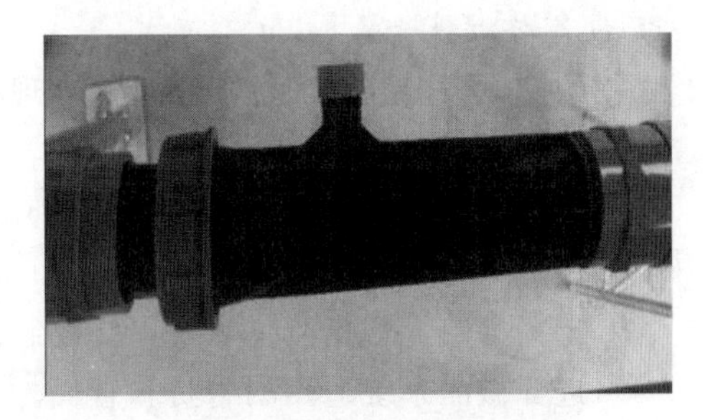

图 4-10　文丘里施肥器

图 4-11　网式过滤器

图 4-12　压力表

图 4-13　比例施肥泵

图 4-14　压力调节器（内丝连接）

3. 设备与材料选择

根据给定的设备与材料的规格型号，现场选取合适的过滤器、施肥器及配套设备、材料。技术要求如下：

（1）过滤器类型选择正确。

（2）选择合适的施肥器类型和吸嘴。

（3）选择管路上的量测仪表及保护控制设备。

（4）选择微灌系统适用的管材和管件。

4. 设备安装

（1）过滤器。技术要求如下：

1）各级过滤器的安装顺序应符合设计要求，不得随意更改。

2）过滤器与管件连接处不能漏水。

3）正确完成过滤器及配套管件的连接。

（2）施肥器。根据要求，在正确位置安装施肥器。技术要求如下：

1）施肥器的安装方向不能安装错误。

2）施肥器吸嘴口径选择正确。

3）与施肥器连接的软管无折痕、无渗漏。

4）施肥单元与管件连接处无渗漏。

（3）压力表。选择压力表并在合适的位置完成安装。技术要求如下：

1）压力表安装于过滤器前后。

2）压力表与管件螺口连接处不能有渗漏。

（4）阀门。包括闸阀、逆止阀、进排气阀、电磁阀、球阀等，在正确的位置完成安装。技术要求如下：

1）根据图纸安装闸阀、逆止阀、进排气阀等阀门于相应位置。

2）阀门安装前应清除封口和接头的油污和杂物。

3）逆止阀、电磁阀应按流向标志安装，不得反向。

4）进排气阀安装于高处或局部高处。

5）阀门与管件连接处不能有渗漏。

6）安装完毕时电磁阀需处于关闭状态。

7）电磁阀外表不能有损坏。

5. 支管及管件安装技术要求

根据要求，选择合适的支管及配套管件，并利用配套工具，正确完成安装。技术要求如下：

（1）管件与设备或管道连接处不能有渗漏。

（2）螺口连接的管件不能有滑丝现象。

（3）生料带缠绕应整齐美观。

（4）管道剪切时，切口需要光滑平整。

6. 田间系统—毛管及灌水器安装技术要求

根据表 4-6 及表 4-7 要求，完成毛管及灌水器安装。

表 4-6　各工位毛管安装顺序表

工位号	第一组	第二组	工位号	第一组	第二组
1	东②①④③西	东③④①②西	6	东③④①②西	东③①④②西
2	东③④①②西	东②①④③西	7	东②①④③西	东②①④③西
3	东②④①③西	东③④①②西	8	东③①④②西	东②④①③西
4	东②①④③西	东②①④③西	9	东②④①③西	东③④①②西
5	东③④①②西	东②④①③西	10	东②①④③西	东②④①③西

表 4-7　微喷头类选型、喷头间距和安装数量

工位号	第一组			第二组		
	微喷头类型	喷头间距/m	安装数量/个	微喷头类型	喷头间距/m	安装数量/个
1	倒挂：十字雾化喷头	1.15	6	倒挂：十字雾化喷头	1.55	6
	插杆：旋转式微喷头	1.05	6	插杆：旋转式微喷头	1.45	6
2	倒挂：旋转式微喷头	1.25	6	倒挂：旋转式微喷头	1.15	6
	插杆：折射式微喷头	1.15	6	插杆：折射式微喷头	1.05	6
3	倒挂：旋转式微喷头	1.35	6	倒挂：旋转式微喷头	1.25	6
	插杆：十字雾化喷头	1.25	6	插杆：十字雾化喷头	1.15	6
4	倒挂：十字雾化喷头	1.45	6	倒挂：十字雾化喷头	1.35	6
	插杆：旋转式微喷头	1.35	6	插杆：旋转式微喷头	1.25	6
5	倒挂：旋转式微喷头	1.55	6	倒挂：旋转式微喷头	1.45	6
	插杆：折射式微喷头	1.45	6	插杆：折射式微喷头	1.35	6
6	倒挂：十字雾化喷头	1.65	6	倒挂：十字雾化喷头	1.45	6
	插杆：旋转式微喷头	1.55	6	插杆：旋转式微喷头	1.25	6
7	倒挂：旋转式微喷头	1.15	6	倒挂：旋转式微喷头	1.65	6
	插杆：折射式微喷头	1.35	6	插杆：折射式微喷头	1.55	6
8	倒挂：旋转式微喷头	1.25	6	倒挂：旋转式微喷头	1.15	6
	插杆：十字雾化喷头	1.05	6	插杆：十字雾化喷头	1.35	6
9	倒挂：十字雾化喷头	1.35	6	倒挂：十字雾化喷头	1.25	6
	插杆：旋转式微喷头	1.15	6	插杆：旋转式微喷头	1.05	6
10	倒挂：旋转式微喷头	1.45	6	倒挂：旋转式微喷头	1.35	6
	插杆：折射式微喷头	1.25	6	插杆：折射式微喷头	1.15	6

技术要求如下：

（1）毛管安装：毛管铺设时，需要平整，无折痕，切口平滑。

（2）灌水器安装：用直径小于孔口滴头接口外径约 1mm 打孔器在毛管上按设计距离打孔，随即装上灌水器。

毛管与支管连接方式如图 4-15 所示。

7. 电磁阀安装要求

电磁阀为手动控制，不接线。

(a)

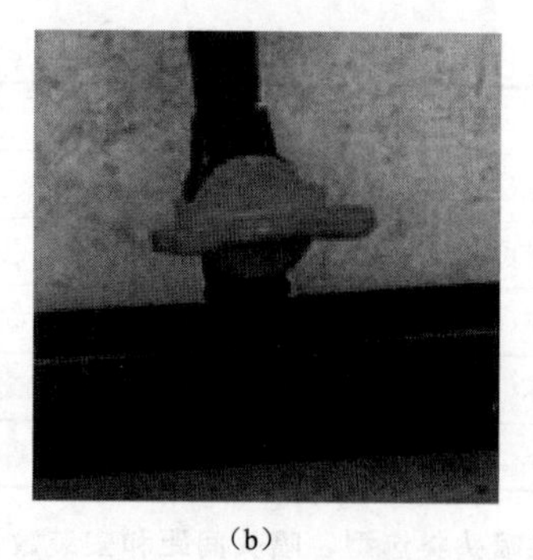

(b)

(c)

图 4－15 毛管与支管连接方式

8. 调试运行技术要求

(1) 管道冲洗技术要求如下：

1) 冲洗前检查仪器、仪表、设备、阀门是否配套完好、操作灵活，排气装置通畅，管道连接紧密。

2) 按顺序逐级冲洗，支管和毛管应按轮灌组冲洗。

3) 排除系统故障，检查渗漏，确保系统正常运行。

(2) 系统有压运行。技术要求如下：

压力表读数稳定后，进行 2 个轮灌组轮灌运行，每个轮灌组运行至少 5～10s，全部灌水器正常出水即视为系统运行完成。

(3) 运行后处理。技术要求如下：

1) 关闭进水总阀，结束运行。

2) 打开泄水阀、毛管堵头，放空管路中的水。

9. 评分细则

请同学们按照任务书要求完成微灌系统安装，并根据评分标准记录本组成绩，总结经验及安装过程中出现的问题，并完成后续表格的填写。从操作时间、规范性等方面进行评定，采用百分制。具体参照表 4－8。

表 4－8　　　　实操安装运行评分表

班级：＿＿＿＿＿＿　组号：＿＿＿＿＿＿　用时：＿＿＿＿＿＿　日期：＿＿＿＿＿＿

分项分值		二级指标及分值		扣分标准及分值	扣分值	得分值
首部设备安装	27	1. 过滤器	5	1. 各级过滤器的安装顺序与任务书要求一致，安装顺序装错扣 1 分，错一处扣 1 分，共 3 分，扣完为止。(3 分) 2. 各级过滤器进、出口装反，错一处扣 1 分，共 2 分，扣完为止。(2 分)		
		2. 施肥器	5	1. 施肥器的进、出水口安装方向正确，错误扣 1 分。(1 分) 2. 与施肥器连接的吸肥软管无折痕、无渗漏。每错一处扣 1 分，共 2 分，扣完为止。(2 分) 3. 按任务书正确位置安装施肥器，安装完阀门未关闭，一处扣 1 分，共 2 分，扣完为止。(2 分)		

续表

分项分值		二级指标及分值		扣分标准及分值	扣分值	得分值
首部设备安装	27	3. 压力表	7	1. 压力表及配套缓冲管少装、漏装扣1分，共2分，扣完为止。（2分） 2. 压力表安装时未缠生料带或者缠绕不规范，扣0.5分，共2分，扣完为止。（2分） 3. 各压力表和缓冲管的朝向要求一致，错一处扣1分，共2分，扣完为止。（2分） 4. 压力表和缓冲管不用扳手安装，每次扣0.5分共1分，扣完为止。（1分）		
		4. 阀门	10	1. 根据任务书图纸安装闸阀、电磁阀、调压阀、逆止阀、进排气阀等阀门于相应位置。少装、位置装错、方向装反一处扣1分，共5分，扣完为止。（5分） 2. 安装时，连接法兰受力不均变形、螺栓漏拧，垫片严重移位或者漏装，丝口未缠生料带或缠绕不规范，每处扣0.5分，共2分，扣完为止。（2分） 3. 安装完毕时轮灌组阀门需处于关闭状态。错一处扣1分，扣完2分为止。（2分） 4. 管道与设备安装尽量平直顺畅，否则扣1分。（1分）		
管网及灌溉系统安装	29	1. 支管安装	12	1. 管径选择正确，管道连接与任务书一致，管道安装平顺，每错一处扣1分，共4分，扣完为止。（4分） 2. 管道切口光滑平整，螺口连接的管件无滑丝现象，生料带缠绕方向正确整齐，每错一处扣1分，共3分，扣完为止。（3分） 3. 按照任务书要求正确选择并安装管件，少装、装错一处扣1分，共5分，扣完为止。（5分）		
		2. 毛管及灌水器安装	17	1. 管材规格和连接管件选择正确，毛管布置、长度与任务书一致，每错一处扣1分，共3分；毛管铺设平整无折痕，切口平滑，错一处扣0.5分，共1分。（4分） 2. 灌水器规格选型、数量符合任务书要求，每错一处扣1分，共3分，扣完为止；灌水器分布间距与任务书一致，错一处扣1分，共3分扣完为止。（6分） 3. 毛管上各灌水器的安装位置保证在一条直线上，朝向一致。否则根据偏离直线的远近扣1～3分。（3分） 4. 插杆不垂直地面，每处扣0.5分，共2分。（2分） 5. 微喷带和滴灌管的出水孔口朝向错误扣1分。（2分）		

续表

分项分值		二级指标及分值		扣分标准及分值	扣分值	得分值
调试运行	39	1. 管道冲洗与试压	15	1. 冲洗前检查仪器、仪表、设备、阀门是否配套完好、操作灵活，无例行检查扣1分。(1分) 2. 干支管和毛管分级冲洗，毛管分轮灌组冲洗，不分级不分组冲洗扣4分；阀门启闭顺序错误，错一处扣1分，共2分，扣完为止。(6分) 3. 冲洗时管道系统应不漏水，检查各部分有无出现渗漏现象，出现一处检查处理后不漏水，不扣分；检查后仍然漏水，扣1分，共4分，扣完为止。(4分) 4. 管道在任务书要求的压力下运行不出现跑冒滴漏现象。若有，进行调试直到不漏水为止。若调试后还漏水，扣1～4分。(4分)		
		2. 系统运行	24	1. 压力表读数稳定后，开始运行，未进行轮灌扣2分。(2分) 2. 检查各部分有无出现渗漏现象，出现一处扣0.5分，扣完为止。(3分) 3. 系统运行阶段，首部系统和管网及灌水器若出现跑冒滴漏，未检修扣1分，检修后合格不扣分；若检修1次后还漏水扣1分，若喷水或者流水扣3分。(3分) 4. 轮灌组所有灌水器正常出水30s后进行轮灌组切换，一个灌水器未出水或者出水不正常扣1分，共5分。(5分) 5. 轮灌组阀门开启顺序错误扣3分。(3分) 6. 运行阶段，施肥专用主管球阀未半开、施肥软管阀门开度未设置扣2分，共计2分。(2分) 7. 结束运行后，放空管路中的水，操作顺序错误扣1分，未完成放空流程扣2分，共3分，扣完为止。(3分) 8. 系统运行过程中，首部系统和管网系统出现因安装不规范而引起的失稳倒塌现象，扣3分。(3分)		
职业素养	5	文明操作	5	1. 必须戴手套，文明规范，安全有序操作。未戴手套操作扣1分，共计1分。(1分) 2. 实操结束时场地未清理干净、工具未归位的，一次性扣1分，共计1分。(1分) 3. 操作不当损坏工具的，一次性扣2分。共3分，扣完为止。(3分)		

八、评价反馈

评价包括学生自评（占50%）和教师评价（占50%）两部分，学生自评表和教师评价表见表4-9和表4-10。

表 4-9　　学生自评表

任　　务	完成情况记录
任务是否按计划时间完成	
相关理论完成情况	
技能训练情况	
任务完成情况	
任务创新情况	
材料上交情况	
收获	

表 4-10　　教师评价表

班级		姓名		学号	
学习任务四	微灌系统安装与运行				
评价项目	评价标准			分值	得分
①平时表现	出勤、课堂表现			40	
②成果评价	微灌系统安装及试水运行			40	
③小组表现	团队协作			20	

九、相关知识

(1) 微灌系统：由水源、首部枢纽、输配水管道和微灌灌水器等组成的灌溉系统。

(2) 首部枢纽：微灌系统中集中布置的加压设备、过滤器、施肥（药）装置、量测和控制设备的总称。

(3) 灌水器：微灌系统末级出流装置，包括滴头、滴灌管（带）、微喷头、微喷带等。

(4) 筛网过滤器：用筛网对灌溉水进行过滤的设备。

(5) 叠片过滤器：用叠在一起的表面具有细线槽的塑料片对灌溉水进行过滤的设备。

(6) 旋流水砂分离器：利用旋流使水和砂粒分离的设备，也称离心过滤器。

(7) 施肥（药）装置：用于向灌溉水内加入肥料（药）的装置。

(8) 压差式施肥（药）罐：利用水的压差使肥料（药）与灌溉水混合，并将肥料（药）溶液注入灌水管道中的设备。

(9) 文丘里施肥（药）器：利用文丘里原理将肥料（药）溶液加入灌水管道中的设备。

(10) 施肥（药）泵：将肥料（药）溶液注入灌水管道中的泵。

(11) 进排气阀：向管内补气和排除管道内空气的设备。

(12) 压力调节器：在一定的进口压力范围内，能保持出口压力基本不变的设备。

(13) 毛管：直接向灌水器配水的管道。

(14) 支管：直接向毛管配水的管道。

(15) 干管：向支管供水的管道。

（16）管道安装宜按干、支、毛管顺序进行。

（17）过滤器应按标识的水流方向安装。

（18）采用施肥（药）泵时，应按产品说明书要求安装，并经检查合格后再通电试运行。

（19）有水流方向标识的阀门必须按标识方向安装。

（20）支管上打孔应符合下列要求：应按设计要求在支管上标定出孔位。应用配套的专用打孔器打孔。毛管上打孔，应选用与灌水器插口端外径相匹配的打孔器。

（21）滴灌管（带）铺设在地表或地下时，出水口应朝上。

（22）管道冲洗应按由上至下逐级顺序进行，各级管道应按轮灌组冲洗。管道冲洗应按下列步骤进行：

1）干管冲洗，应先打开待冲洗干管末端的冲洗阀门，关闭其他阀门，然后启动水泵，缓慢开启干管控制阀，直到干管末端出水清洁为止。

2）支毛管冲洗，应先打开若干条支管进口和末端阀门以及毛管末端堵头，关闭干管末端的冲洗阀门，直到支管末端出水清洁；再关闭支管末端阀门冲洗毛管，直到毛管末端出水清洁。

（23）微灌系统试运行应按轮灌组进行：

1）系统试运行时，应检查水源工程、首部枢纽、电气设备、控制阀门、施肥（药）装置、管网系统等是否运行可靠。

2）试运行时，应测量支管入口压力和灌水小区流量，并根据实测的压力、流量对微灌系统进行调试。

3）试运行时，应对传感器进行基准或系数值的测试校核。必要时，应进行工作范围内线性度测试及环境参数测试校核。

4）试运行时，应对系统信号采集周期和控制信号响应时间进行测试校核。

5）在微灌系统试运行时，应对自动控制和信息采集系统软硬件功能进行测试，软硬件应运行稳定可靠。

6）试运行后，应按任务书中评分细则对系统进行评价。

（24）自动灌溉系统安装完毕后，当电磁阀处于自动运行状态，在无故障的情况下可能发生震动，原因可能是：

1）水源流量小，压力不足或不稳。

2）电磁头下导流孔有毛刺或者堵塞。

3）电磁阀安装方向错误。

4）调整流量开关放气阀，调整电磁阀流量大小放空内部空气。